瓜棉间作高效用水研究

强小嫚　孙景生　宁慧峰
刘　浩　王广帅　宋　妮　著

U0364706

黄河水利出版社

·郑州·

图书在版编目（CIP）数据

瓜棉间作高效用水研究/强小嫚等著. —郑州：黄河水利出版社，2021.9

ISBN 978-7-5509-3097-1

Ⅰ.①瓜… Ⅱ.①强… Ⅲ.①瓜类-间作-用水管理-研究②棉花-间作-用水管理-研究 Ⅳ.①S65②S562

中国版本图书馆 CIP 数据核字（2021）第 191111 号

组稿编辑：岳晓娟 电话：0371-66020903 E-mail：2250150882@qq.com

出 版 社：黄河水利出版社 网址：www.yrcp.com

　　　　　地址：河南省郑州市顺河路黄委会综合楼 14 层　邮政编码：450003

发行单位：黄河水利出版社

　　　　　发行部电话：0371-66026940、66020550、66028024、66022620（传真）

　　　　　E-mail：hhslcbs@126.com

承印单位：广东虎彩云印刷有限公司

开本：890 mm×1 240 mm　1/32

印张：4

字数：100 千字

版次：2021 年 9 月第 1 版　　　　印次：2021 年 9 月第 1 次印刷

定价：28.00 元

前　言

　　间作是在同一块土地上成行或成带状间隔种植两种或两种以上生长周期相同或相近的作物,以便在时间和空间上实现种植集约化的一种种植方式。间作能够充分利用辐射、水分、养分、耕地等资源,从而提高单位面积的产出率。在水资源供需矛盾日益尖锐的情况下,如何进一步提高限量供水条件下的资源利用效率、充分发挥间作效益,是多熟种植地区亟待解决的难题。间作模式由于种植结构和田间小气候发生改变,系统内存在复杂的相互作用,使得间作作物需水量计算不同于单作。研究间作作物需水量特性并掌握瓜棉共生期水分分配方式,明确间作系统水分竞争及其机制对养分的吸收利用机制,确定瓜棉间作种植结构下水分高效利用灌水指标,可为瓜棉间作高产优质的高水肥管理模式提供理论依据,从而促进间作种植农业的可持续发展。

　　2010 年以来,研究团队在"国家现代农业棉花产业技术体系(CARS-18-19)"子任务"棉瓜间作高效灌溉用水技术"和国家自然科学基金项目"西瓜/棉花间作作物需水量计算模型及水分竞争机制"(51209207)等项目的支持下,针对黄河流域瓜棉间作种植模式下作物的生长发育及生理发育指标、间作作物需水量计算模型、瓜棉间作水分竞争机制及瓜棉间作水分高效利用等开展了比较系统的研究。本书是在以上研究成果总结的基础上,系统地介绍了黄河流域瓜棉间作作物水分高效利用的最新研究进展,以期为构建该地区瓜棉间作最优水分管理模式的间作节水技术提供数据支撑。

　　本书由中国农业科学院农田灌溉研究所强小嫚副研究员、孙景生研究员、宁慧峰副研究员、刘浩研究员、王广帅副研究员和宋妮副研究员撰写，全书由强小嫚副研究员统稿。全书共7章，其中，第一章概述，由强小嫚、孙景生撰写；第二章瓜棉间作作物的生长发育，由岳晶晶、宁慧峰、宋妮撰写；第三章瓜棉间作作物的生理指标及光合特性，由齐付国、刘浩撰写；第四章西瓜/棉花间作作物需水量及估算模型，由强小嫚、孙景生撰写；第五章西瓜/棉花间作种间竞争机制，由强小嫚、王广帅、宋妮撰写；第六章瓜棉间作水分高效利用研究，由齐付国、岳晶晶、强小嫚、孙景生撰写；第七章主要结论与展望，由强小嫚撰写。

感谢现代农业产业技术体系、国家自然科学基金委员会给予研究资助，感谢农业部作物需水与调控重点实验室、中国农业科学院新乡综合试验基地等单位以及相关专家学者在项目实施过程中的大力支持与帮助。本书在撰写过程中，参考和引用了大量国内外相关文献，在此一并表示感谢。

由于作者水平有限，对有些问题的认识和判断还有待更一步的深化，书中难免存在不足之处，恳请读者批评指正。

作 者
2021 年 7 月

目　录

第一章　概　述

第一节　间作概况

间作是我国农业生产中传统、高产的种植方式,是通过不同作物的组合、搭配,构成多作物、多层次、多功能的复合群体。间作是在同一块土地上成行或成带状间隔种植两种或两种以上生长周期相同或相近的作物,在时间和空间上实现种植集约化的一种种植方式(张凤云等,2012;Ofori and Stern,1987)。间作能够充分利用太阳辐射、水分、养分、耕地等资源,从而提高单位面积的产出率。间作具有提高土地产出量及可持续利用性的优势,主要是间作作物在资源利用上具有很好的互补性,即在时间和空间上能更有效地利用不同资源或同一资源所致。随着科技的进步,提高土地经济效益的思路不断明确,间作套种技术不断向深层次发展。尤其是近几年来,作物的立体种植、吨粮田、双千田等高投入、高产出、高效益的间套复种增产增收途径不断在各地兴起,并向立体农业发展。生产实践证明,积极推广间、套、带、复种等立体、多熟、高效益种植模式,使其与现代化科学技术相结合,是高效种植的发展方向,是提高单位面积产量的有效措施,促进其健康发展,必将推动我国农业生产的高速发展。

间作在农业生产中具有十分重要的地位。间作在我国已有两千多年的历史,20世纪70年代以来,该项技术有了更快发展,我国约有1/3的耕地、2/3的播种面积采用间套复种方式。全国粮食的1/2、棉花和油料作物的1/3都是依靠间套复种获得的。近几十年,随着农业生产水平的不断发展,间作又出现了许多新的形式,技术上也有了新的发展。间作套种不仅在我国农业生产中占有重要地位,而且在世界农业中也具有一定的地位,间作套种在国外以亚洲和非洲国家应用较多,南北美洲、欧洲等国家也在采用(Waddington et al.,1989)。根据国内外研究结果,间作较单作增产幅度为30%~50%。据预测,间作在未来半个世纪内的增产贡献率将达到27%左右(刘巽浩等,2000)。

间作群体中,作物之间同时存在地上部和地下部的相互作用,这种作用有种间竞争和种间促进作用,两者作用的结果决定了间作群体的整体效益。复合群体结构,各个作物都要占据一定的生态空间,同时又要吸收利用一定量的营养元素,由此也导致了作物与环境、作物与作物之间在生存过程中复杂的行为关系。对于作物在共生过程中的竞争作用,大体可分为三个阶段:一是密度很小,种群间不构成竞争;二是竞争产生,产量降低,但不构成致死威胁,如间套作共生盛期阶段;三是竞争激烈,构成致死威胁。在人工复合群体中,可以通过作物合理搭配、合理的田间作物结构、改善生态环境与栽培管理措施等方式来减少竞争,促进互补,以此充分发挥间作的优势,尽可能减少劣势,提高间作的综合效益。间作种植的优势主要体现在提高作物对多种资源的利用效率上,这方面的研究工作主要集中于间作种植的单位土地生产率与产量优势、资源利用效率、地上部对太阳辐射的截获与利用等方面,对于间作作物需水量模型方面、间作系统内作物对有限水资源的竞争及水分如何影响作物对养分的吸收利用等方面尚未完全认知,近年来,随着我国水资源日益紧缺和耕地资源持续减少,如何在有限的水土资源条件下,进一步发挥间作种植的优势以提高资源吸收利用效率,实现节水、优质、高产,对于我国农业的可持续发展具有重要的意义。

黄淮海平原是我国重要的农产品基地,具有可供两熟作物利用的光、热、水同季的优越自然条件,随着国家需要该地区生产出更多的商品粮、棉、畜、果、菜等农副产品,该地区的农业技术也将进一步趋向多熟、高产、优质、集约化方向发展。近几年来,两熟种植在黄淮棉区发展迅速,很快形成规模性生产,其中,经济作物西瓜或甜瓜和棉花间套复合种植是该地区逐渐发展起来的一种高产高效种植模式,在生产上已大面积推广,并取得了显著的社会经济效益。瓜棉间作的共生期较短,且在棉花花铃期之前;西瓜、甜瓜是蔓生作物,不与棉花争光,共生期内相互影响较小。此间作模式在保证棉花产量的同时,显著提高了农民的经济效益。如何在瓜棉共生期协调好水分管理,是提高间作群体对有限水资源的高效利用及间作农业可持续发展的关键。为了优化间作群体水分的高效管理,制定合理的灌溉指标,迫切需要研究间作条件下作物需水特性及需水规律,构建间作作物需水模型。间作作物有一定的共生期,存在对水分和养分的竞争,而由于间作作物根系深浅不同、根系生长活性复杂及试验条件的限制,关于间作系统内作物对有限水资源的竞争及水分如何影响作物对养分的吸收利用等方面尚未完全认识。因此,本书从更深层次上系统地研究水分处理对瓜棉间作生长发育、生理特征、产量及水分高效利用的影响,构建间作作物需水量计算模型,明确有限水资源条件下间作作物对水分的竞争机制,提出瓜棉间作优质高效灌溉指标与灌溉模式,对黄淮海地区发展节水型集约持续农业有重大理论和生产实践指导价值。

第二节　国内外研究现状分析

间作由于具有高效利用光、热、水、土等自然资源的特点,一直倍受国内外学者的高度重视,在理论和生产实践中开展了大量研究。目前研究普遍认为,间作套种系统能够使复合种植的物种协调发展、相互促进,充分利用土壤及光、热、水等资源,在同一土地上取得最大的经济效益和良好的生态效益。间套作种植形式能改善生态环境,抵御不良气候的侵袭,提高系统生物多样性指数,有利于提高农产品的产量和质量(高阳,2006;王仰仁等,2003)。

一、瓜棉间作研究现状

瓜棉间作是充分利用光、热、水、土资源,提高经济效益的一项有效途径。研究表明,由于间作种植作物的种植密度比单作种植作物密度高,叶面积指数、光截获量、CO_2 固定量均高于单作,且由于增加了植物覆盖,减少了土壤蒸发,从而增加了植物蒸腾占蒸腾蒸发量的比例;瓜棉间作是由不同高度的作物组成,通过高秆作物棉花对低秆作物西瓜或甜瓜的遮阴作用,使西瓜或甜瓜的蒸发蒸腾量相对减少,从而减少单位面积水分的消耗量,相对于单作提高了 WUE(水分利用效率),不同程度地实现了节水目的;同时,棉花和西瓜或甜瓜的生育期长度也不同,因而需水高峰期不会同步,棉花间作西瓜或棉花间作甜瓜可以根据配对作物各自的需水高峰期进行适时供水,能缓解需水高峰期作物的受旱程度,达到高产高效节水的目的。

郭峰等(2008)针对新疆吐鲁番地区普遍采用的瓜棉复合种植模式与单作甜瓜和单作棉花个体与群体生长动态进行了比较研究,得出瓜棉复合种植不会影响甜瓜的正常生长发育,且共生期内复合种植模式的棉花植株生长优于单作棉花,能实现棉花的高产。孙彦辉等(2007)在津南地区采用"一二"模式,即一行甜瓜两行棉花,总结出一套棉花/甜瓜间作高产栽培技术,在不影响棉花产量的前提下,每亩❶土地纯收益达到 2 000 元左右。胡楚林等(2007)于 2006 年在江西省农业示范区采用棉花改密植为稀植、改宽窄行为等行的"双改"模式,在棉花行间作甜瓜,间作面积 86.7 hm^2,年

----

❶　1 亩 = 1/15 hm^2 ≈ 666. 67 m^2。

产瓜果 2 650 t,收获籽棉 422 t,总产值 494 万元,产生了较好的经济、社会效益和生态效益。张笑(2007)从种植规格、瓜棉品种及播种期与播种量、底肥量、田间管理等方面提出了小麦/甜瓜/棉花立体高效种植技术。张放民等(2006)从播种前做好准备、适期播种覆膜、瓜棉共生期管理、棉花中后期管理等方面,总结出拱棚甜瓜套棉花栽培模式及管理技术,为间作模式的推广提供参考。孟凤轩等(2006)针对新疆吐鲁番地区农业生产的基本情况,对甜瓜/棉花复合立体种植模式进行研究,得出甜瓜株行距为 0.45 m×4 m,棉花在瓜苗间点播 4 穴,每穴 2 株,同期播种,拱棚覆盖,瓜畦中间再点播与瓜苗间相同数量的棉花,此种植密度为最佳,甜瓜与棉花之间互颉作用最小,经济效益显著。大量研究表明,间套作种植在生产水平较低的条件下可以减少农业投入,增加产量的稳定性;在生产水平高的条件下能充分利用各种资源,增加群体作物的总产量(Wang et al.,2007;Francis et al.,1993)。在各种种植模式中,间作一般可以比单作增产 20%左右。

二、间作节水增产与水分利用特性

国内外研究表明,与单作相比,间作具有明显的产量优势,这已在玉米/大豆、小麦/绿豆、玉米/蚕豆、大豆/花生、小麦/玉米等多种间作体系上得到证实。周苏玫等(1998)研究表明,玉米/花生间作产值比单作玉米提高 15.2%~51.3%,比单作花生产值提高 2.9%~19.36%。赵雪娇(2012)等研究发现,玉米/甘蓝间作产量和产值高于单作。李隆等(2000)通过研究小麦/大豆间作发现间作明显提高大豆生物学和经济学产量,其中大豆经济学产量优势比生物学产量优势更明显。罗照霞等(2008)通过研究不同供水水平(田间持水量的 45%、60% 和 75%)对小麦/蚕豆间作产量的影响发现,间作能够显著提高小麦、蚕豆的生物产量和经济产量,在不同供水水平下生物产量和经济产量的增加幅度分别为

15.3% ~ 37.41% 和 5.98% ~ 31.27%。郑立龙等(2011)研究认为,60%和75%供水水平下,间作小麦生物产量和经济产量较单作显著提高,45%供水水平下间作小麦经济产量低于单作;不同供水水平下,间作蚕豆的生物产量与相应供水水平的单作相比增加显著。周新国等(2006)研究发现,麦棉套作时小麦产量以70%土壤含水率处理的最高,水分升高或下降都不利于产量的提高。刘天学等(2008)对不同基因型玉米间作对籽粒产量和品质的影响进行了研究,结果表明,间作增加了复合群体产量,土地当量比均大于1,籽粒品质也有所改善。焦念元等(2006)的研究结果也证明间作体系总体表现出明显的产量优势,土地利用率提高了14% ~ 17%。柴强等(2011)研究了交替灌溉对小麦/玉米间作产量的影响,结果表明,与单作相比,交替灌溉小麦间作玉米可显著提高土地利用效率(LER),LER 达到 1.22 ~ 1.52。交替灌溉与传统灌溉间作相比,LER 差异不显著;对间作小麦的产量效应不显著,但使间作玉米的产量提高 11.4% ~ 36.4%,混合产量平均提高 12.9%。兰玉峰等(2010)认为,当施磷量为 80 kg/hm² 时,LER>1,玉米/鹰嘴豆间作系统表现出土地资源利用优势。0、40 kg/hm² 和 80 kg/hm² 处理间作玉米产量分别比相应单作增产3%、12%和19%。

间作群体叶面积指数(LAI)呈"双峰型"或"多峰型",单作则呈"单峰型",叶面积指数高峰的交错出现使复合群体保持高叶面积指数的时间延长。高叶面积指数维持时间的延长,奠定了复合群体水分高效利用的物质基础。这样在间套作群体中,占优势的作物组分,通过对劣势组分的干扰,争取到更多的水分,改善了本身的资源和环境状况,对间套作产量效应的贡献增大,从而有利于增加整体的水分利用效率。柴强等(2011)研究表明,河西绿洲灌区,不同灌水水平小麦/玉米间作模式下,间作小麦经济产量较单作小麦提高 20.96% ~ 33.10%,水分利用效率较单作小麦提高 55.97% ~ 68.46%,间作玉米经济产量较单作玉米提高 38.30% ~

41.98%,水分利用效率较单作玉米提高 8.29% ~ 14.02%。董宛麟等研究提出,马铃薯/向日葵间作模式下,不同间作模式均提高了农田水分利用效率,水分当量比为 1.2 ~ 1.3。王仰仁等(2000)在玉米平作和垄作两种田间结构下研究了小麦/玉米/大豆耗水特性,结果表明,在同等施肥、灌溉水平下套作比单作产量提高了17.8% ~ 28.4%。柴强等(2011)研究表明,间作可提高农田水分利用的有效性,小麦间作玉米的水分利用效率较单作小麦高12.0% ~ 71.4%、较单作玉米高 10.6% ~ 37.8%。杨彩虹等(2010)研究表明,小麦/玉米间作全生育期的棵间蒸发量、耗水量随供水水平的提高而增加,但水分利用效率随供水量的增加而降低。洪明等(2010)研究发现,果农间作的滴灌大豆较单作滴灌大豆各生育期的日均耗水量显著减小,总耗水量减少 26.5%。叶优良等(2008)对蚕豆、豌豆、大豆 3 种豆科作物与玉米间作下水分利用情况进行了研究,结果表明,相对于单作,蚕豆/玉米间作水分利用效率增加 26.23%,大豆/玉米间作水分利用效率减少 23.12%,豌豆/玉米间作水分利用效率减少 17.08%。研究发现小麦/蚕豆间作全生育期耗水量比小麦单作和蚕豆单作低,但差异未达到显著水平。大麦/蚕豆间作全生育期耗水量比大麦单作高,但差异未达到显著水平。间作小麦、间作大麦的水分利用效率比单作小麦、单作大麦高,但间作蚕豆的水分利用效率比单作蚕豆低(周绍松等,2008)。在水分充足条件下,间作作物优先在自己的区域吸水,根系混合区吸水滞后发生(高阳等,2009)。间作群体通过促进物质向经济器官的转移,提高经济系数,从而促进系统水分的高效利用。胡恒觉等(1998)有关春小麦/春玉米间作的研究表明,间作群体中小麦、玉米光合产物向穗中的转移率较单作分别高出32.25%和 1.58%,表明间作群体与单作群体相比,作物向穗和茎的转移率高于单作。但是,在作物配置或者田间结构不合理情况下,间作群体与单作相比水分利用效率并不存在优势。不合理间套作由于水分和养分等资源的强烈竞争,加速了胁迫条件下劣势作物的衰老,间作群体由于产量下降而引起水分利用效率下降。

合理的间套作可以改善农田生态系统生产力,提高作物对光能的截获,与传统的单作相比,间作在没有扩大土地面积的前提下显著提高了粮食产量及农田水分利用效率。在水资源供需矛盾日益尖锐的情况下,如何进一步发挥间作提高资源利用效率、研发限量供水条件下的高效节水间套作技术,是多熟种植地区亟待解决的难题。

三、间作复合系统的光合特性

作物光合作用是影响植物生长和发育的重要生理过程,是作物产量和品质形成的基础。光合作用是推动和支撑整个生态系统的原初动力,蒸腾作用是伴随光合作用过程的植物体水分散失的过程。作物生产的实质一般表现为作物光合产物的积累和转化,通过光合作用所形成的有机物质占据植株总干物质质量的95%左右,因而改善作物的光合性能是提高作物产量的基础途径。

王秀领等(2012)对玉米/大豆间作复合体系光合特性研究表明,间作种植能够使玉米的光能利用率有所提高,其中叶片的净光合速率、叶绿素含量及叶面积指数较单作均有所提高,而且净光合速率及叶绿素含量达到了显著差异水平;间作种植使得大豆的光能利用率有所降低,其中植株叶片净光合速率、叶绿素含量及叶面积指数较单作均有所降低,但两者之间的差异均不显著。李植等(2010)在大豆/玉米间作研究中发现,间作大豆植株相较单作大豆植株提高了叶片的气孔导度及胞间 CO_2 浓度,降低了叶片的蒸腾速率。彭姜龙等(2015)研究发现,在等行距种植模式下,适当地增大作物株距及缩小作物行距可改善大豆的通风透光性,同时减少个体间的竞争,使植物根系能有效地吸收土壤中的养分,进而对植株叶面积指数、叶绿素含量及净光合速率等有促进作用。研究同时发现,作物的株距比行距更能影响植株的生长发育及光合特性,因此增大株距可改善大豆植株的群体结构,有利于其光合作用的进行及作物产量形成。

作物冠层光环境的优劣影响着植株的光合特性,间作种植系统中由于高秆作物的遮荫作用导致低秆作物的冠层上方及内部的光环境变得相对较差,也是导致低秆作物光合速率下降的主要原因。吴娜等(2015)研究表明,在马铃薯开花期,燕麦对属于低位作物的马铃薯产生了遮阴作用,导致马铃薯作物冠层内部的光环境变差,使得燕麦/马铃薯间作体系下的马铃薯净光合速率、气孔导度及蒸腾速率显著低于单作马铃薯,而胞间 CO_2 浓度显著高于单作马铃薯。焦念元等(2016)对玉米/花生间作施磷对玉米光合特性的影响研究发现,施磷和不施磷两种处理条件下,间作玉米植株的净光合速率及蒸腾速率变化趋势基本一致,均随着生育期的推进呈现先增加后降低的趋势;施磷和不施磷两种处理条件下,间作玉米植株叶片的气孔导度均随着生育期的推进呈现先增加后降低的趋势。叶绿素作为植物体内的光合色素,负责光合作用中光能的吸收、转化和传递,在光合作用过程中起着非常关键的作用。焦念元(2008)对玉米/花生间作研究表明,间作花生的叶绿素含量以及构成的变化增强了其捕获弱光的能力,间作玉米的叶绿素含量及构成的变化增强了其对强光利用的能力,提高了玉米后期生长的功能叶片的净光合速率。吴娜等(2015)对马铃薯/燕麦的研究表明,马铃薯叶片的叶绿素总量变化呈先升高后降低的趋势,间作处理提高了生育后期马铃薯的叶绿素含量。

间作有利于光合产物向经济器官的转移,进而提高作物的水分利用效率。焦念元等(2006)研究发现,在玉米/花生间作体系中,作物高低相间,与单作的单一群体相比,间作改变了光在群体中的分布特点,实现了作物对光的分层、立体利用。玉米/花生具有明显的产量间作优势,关键在于玉米/花生间作复合群体中后期具有较高的光合物质积累量。高阳等(2009)认为在充分供水条件下,不同窄条带间作模式对作物生物量的影响主要是作物光环境的改变所致。张建雄等(2010)研究结果表明,杏棉复合群体中,棉花冠层各光合指标在间作带中从东到西呈现出由小增大再减小的变化趋势,间作行越宽光合特性差异越明显,相同幅宽条件下杏树株距越大其冠下棉花采光性越好。

四、间作条件下的作物需水量

作物需水量指植物正常生长,达到高产条件下所需要的作物蒸腾、棵间蒸发及组成作物体的水量。由于作物体的水量仅为后两者之和的百分之一,研究者认为可以忽略不计,所以作物需水量指植物正常生长,达到高产条件下的植株蒸腾量与棵间蒸发量之和,是农田水分平衡的重要组成部分。由于间套作复合群体中作物对水分利用的特殊性,间套作系统中作物需水量与单作系统差异也较大。掌握间作系统内配对作物的需水规律,准确地计算和预测间作作物需水量,是制定科学、合理的间作灌溉制度,确定间作条件下灌溉用水量及优化配水的基础。研究者通过对玉米/大豆、大豆/高粱、小麦/玉米、小麦/大豆、棉花/蔬菜等多种间作群体的研究表明,间作具有明显的节水增产优势。王仰仁等(2000、2003)对30余种间作作物的需水量与需水特性进行了研究,用加权平均法对单作种植作物需水量计算基础上的作物系数进行修正,提出了组合种植条件下的作物需水量计算模式。毛树春等(2003)对黄淮海平原麦棉套种共生期间棉花需水规律进行了研究,结果表明,水分胁迫是导致套作棉花迟发晚熟的重要因素,共生期间土壤吸水力为−60 kPa 时,棉田出现萎蔫死亡,并确定该指标为棉田灌溉管理的临界指标。高阳等(2005、2006)研究了河南新乡冬小麦/春玉米共生期作物耗水规律,分析研究了该种植方式下作物棵间蒸发的逐日变化与各生育阶段棵间蒸发占阶段耗水量的比例,各生育阶段棵间蒸发、作物蒸腾与参考作物需水量的关系等。戴佳信等(2011)对河套灌区小麦/玉米间作、小麦/油葵间作2种组合种植下的需水规律进行探索,提出了间作模式下作物的日耗水量并确定了该模式下各种作物的作物系数。间作模式由于种植结构和田间小气候发生改变,系统内存在复杂的相互作用,使得间作作物需水量计算不同于单作,较单作作物需水量计算相比存在一定的难度。关于间作作物需水量计算模型研究,Shuttleworth和Wallace等(1985)将作物冠层、土壤表面看成两个既相互独立,又相互作用的水汽源,并引入冠层阻力和土壤阻力两个参数,提出了Shuttleworth-Wallace双源模型。此模型明确区分了冠层和土壤的能量交换,更接近农田能量转化的实际情况,提高了预测精度。Teh等(2001)将Shuttleworth-Wallace模型扩展到多源模型,较好地模拟了玉米/向日葵间作系统的蒸发蒸腾量。

上述国内对间作作物需水量的研究仅停留在对不同种植模式下作物需水规律方面和对作物系数值大小的确立上,由于对影响间作作物系数的因素考虑不太全面,未从本质上揭示间作作物系数和影响因素之间的函数关系,对间作作物需水量计算模型研究甚少。国外关于作物需水量计算的研究在考虑了冠层结构和农田小气候的改变条件下提出Shuttleworth-Wallace双源模型,难以准确模拟间作非均匀冠层内的对流传递,间作种植模式千差万别,该模型中的阻力参数多采用经验公式确定,不能准确描述间作系统内每种作物的气象因子而存在一定的误差。

五、间作条件下作物对水分的竞争与利用

生长在一起的植物个体,无论同种的还是异种的,由于其根系相互交错穿插,相互吸收邻近土壤介质中的水分和营养物质,造成该共有区域水分耗竭、供应不足,便会引起作物对水分的竞争。由于同种作物之间具有相似的形态和生理特征,其生长发育规律的

一致性导致了此种群中水分竞争的"一致性",即在特定的自然环境条件下,某一或某些水分的不足对种群内的各个个体影响是一致的。在不同作物组成的复合群体内,不同作物之间的生理和生态特征有所差别,根系形态亦有所不同,这就决定了复合群体的水分竞争和单一作物群体不同,具有竞争的"不一致性"。这种"不一致性"的具体表现不仅有水分竞争吸收能力的不同,还表现在时间和空间的不一致性。合理的间套作就是通过科学地利用作物之间的"不一致性",协调作物间的竞争关系,发挥其互补关系,充分利用自然资源,降低生产成本,以及减少对环境的污染,提高群体产量和整体经济效益。Adiku(2001)等研究了温室条件下玉米/豇豆间作群体的根系生长和水分吸收模式。试验结果表明,水分胁迫限制了玉米和豇豆根系的侧向生长,根系有聚集生长的趋势且降低了根系混合程度。任家兵等(2020)研究了小麦/蚕豆间作体系中间互补和竞争与产量优势的关系及其氮肥响应,结果表明,小麦/蚕豆间作降低了低氮水平下的种间竞争强度,扩大了小麦的互利效应和竞争优势,增加了间作作物的花后干物质累积比例以及干物质贡献率,表现出明显的间作产量优势。蔡倩等(2021)研究表明,辽西半干旱地区玉米/大豆间作模式下,4行玉米4行大豆(MS4∶4)和6行玉米6行大豆(MS6∶6)间作模式土地生产力提高,表现为间作优势,2行玉米2行大豆(MS2∶2)间作模式土地生产力降低,表现为间作劣势;3种间作模式的玉米干物质积累量明显增加,向穗分配比率提高,而大豆干物质积累量虽然变化较少,但向荚果分配比率明显减小;玉米的种间竞争能力和产量营养竞争能力均强于大豆,为竞争优势作物,而大豆则为竞争劣势作物。刘浩等(2007)研究了冬小麦/春玉米根系的时空分布规律,结果表明,在共生期内春玉米根量增长缓慢,而冬小麦根量在成熟期有所减少,两作物之间呈竞争关系,小麦对资源的竞争能力强于玉米。高阳等(2009)对充分供水条件下玉米/大豆间作群体内作物对土壤水分的竞争与利用进行了系统的研究,结果表明,水分充足条件下间作作物优先在自己的区域吸水,根系混合区吸水滞后发生。以往研究表明,由于间作作物根系深浅不同、根系生长活性复杂及试验条件的限制,间作系统水分竞争及其结果对养分的吸收利用等影响方面尚未完全认识。因此,需要进一步研究间作作物种间水分竞争与促进作用,明确间作作物水分高效利用机制,以便制定最优化的灌溉供水方法与间作管理模式,保证间作种植的节水高产优质等优势。

综上所述,与间作栽培模式、病虫害防治、养分利用和光能利用等领域的研究成果相比,间作群体水分高效利用机制及其高效管理技术研究仍比较薄弱,加之以往很少有关于间作作物需水量模型研究,同时对于间作群体水分利用方面的研究多建立在相对较高的水分条件下,难以作为水资源有限区域间作群体水分高效管理的技术依据。因此,有必要系统研究间作作物需水量计算方法,为制定间作群体最优的灌溉控水指标提供技术支撑。

参 考 文 献

[1] 张凤云,吴普特,赵西宁,等. 间套作提高农田水分利用效率的节水机理[J]. 应用生态学报,2012,23(5): 1400-1406.

[2] Ofori F, Stern W R. Cereal-legume intercropping systems[J]. Advances in Agronomy, 1987, 41: 41-90.

[3] Bedoussac L, Justes E. Dynamic analysis of competition and complementarity for light and N use to understand the yield and the protein content of a durum wheat-winter pea intercrop[J]. Plant and Soil, 2010, 330: 37-54.

[4] 高阳, 段爱旺, 刘祖贵. 单作和间作对玉米和大豆群体辐射利用率及产量的影响[J]. 中国生态农业学报, 2009, 17(1):7-12.

[5] Waddington S R, Palmer A F E, Edje O T. Research methods for cereal/legume intercropping [C]. CIMMYT, Mexico, 1989.

[6] 卢良恕. 中国立体农业概论[M]. 成都:四川科学技术出版社,1999.

[7] 刘巽浩,高旺盛. 集约持续农业工程技术[M]. 郑州:河南科学技术出版社,2000.

[8] 柴强. 间套复合群体水分高效利用机理研究进展[J]. 中国农业科技导报,2008, 10(4): 11-15.

[9] Carruthers K, Prithiviraj B, Fe Q, et al. Intercropping corn with soybean, lupin and forages: yield component responses [J]. European Journal of Agronomy,2000,12(2): 103-115.

[10] Ghosh P K, Manna M C, Bandyopadhyay K K, et al. Interspecific interaction and nutrient use in soybean/sorghum intercropping system[J]. Agronomy Journal,2006, 98(4):1097-1108.

[11] 高阳,段爱旺. 冬小麦间作种植方式下棵间蒸发规律试验研究[J]. 灌溉排水学报,2005,24(2): 13-17.

[12] 高阳,段爱旺. 冬小麦-春玉米间作模式下光合有效辐射特性研究[J]. 中国生态农业学报,2006,14(4): 115-118.

[13] 王仰仁,王丽霞. 作物组合种植的需水量研究[J].灌溉排水学报,2000, 19(4): 64-67.

[14] 王仰仁,李明思,康绍忠. 立体种植条件下作物需水规律研究[J]. 水利学报,2003(7):90-95.

[15] 郭峰,王瑞华,孟凤轩,等. 甜瓜、棉花套种植株群体生长动态研究[J]. 中国瓜菜,2008(6):17-22.

[16] 孙彦辉,冯学良,郑宝福,等. 棉花-甜瓜间作高产栽培技术[J]. 天津农林科技,2007,4(2):12-14.

[17] 胡楚林,赵中阳,熊南星,等. 棉花间作西甜瓜高产高效栽培技术[J]. 江西棉花,2007,29(2):35-37.

[18] 张笑. 小麦-甜瓜-棉花立体高效种植技术[J]. 现代农业科技,2007, 14(2):150.

[19] 张放民,常继农,张涛. 拱棚甜瓜套棉花栽培模式及管理技术[J]. 现代农业科技,2006,10(2):33-34.

[20] 孟凤轩,郭峰,彭华,等. 吐鲁番盆地甜瓜/棉花复合立体种植模式研究[J]. 耕作与栽培,2006(3):6-8.

[21]刘洋,孙占祥,白伟,等.玉米大豆间作对辽西地区作物生长和产量的影响[J].大豆科学,2011,30(2):224-228.

[22]苏世鸣,任丽轩,霍振华,等.西瓜与旱作水稻间作改善西瓜连作障碍及对土壤微生物区系的影响[J].中国农业科学,2008,41(3):704-712.

[23]苏艳红,黄国勤,刘秀英,等.红壤旱地玉米大豆间作系统的增产增收效应及其机理研究[J].江西农业大学学报,2005,27(2):210-213.

[24]周苏玫,马淑琴,李文.玉米花生间作系统优势分析[J].河南农业大学学报,1998,32(1):17-22.

[25]赵雪娇,孙东宝,王庆镜,等.玉米/甘蓝间作对土壤水分时空分布及水分利用效率的影响[J].中国农业气象,2012,33(3):374-381.

[26]李隆,李晓林,张福锁,等.小麦大豆间作条件下作物养分吸收利用对间作优势的贡献[J].植物营养与肥料学报,2000,62(2):140-146.

[27]柴强,罗照霞,杨彩虹,等.绿洲灌区交替灌溉小麦间作玉米的产量及水分利用效率[J].灌溉排水学报,2010,29(4):126-128.

[28]董宛麟,张立祯,于洋,等.向日葵和马铃薯间作模式的生产力及水分利用[J].中国农学通报,2011,27(28):1-8.

[29]罗照霞,柴强.不同供水水平下间甲酚和间作对小麦、蚕豆耗水特性及产量的影响[J].中国生态农业学报,2008,16(6):1478-1482.

[30]刘天学,李潮海,马新明,等.不同基因型玉米间作对叶片衰老、籽粒产量和品质的影响[J].植物生态学报,2008,32(4):914-921.

[31]郑立龙,柴强.间作小麦、蚕豆的产量和竞争力对供水量和化感物质的响应[J].中国生态农业学报,2011,19(4):745-749.

[32]周新国,陈金平,刘安能.麦棉套作冬小麦灌浆期叶片光合生理特性研究[J].麦类作物学报,2005,25(2):33-36.

[33]周新国,陈金平,刘安能,等.麦棉套种共生期不同土壤水分对冬小麦生理特性及产量与品质的影响[J].农业工程学报,2006,22(11):22-26.

[34]刘天学,李潮海,马新明,等.不同基因型玉米间作对叶片衰老、籽粒产量和品质的影响[J].植物生态学报,2008,32(4):914-921.

[35]焦念元,宁堂原,赵春,等.玉米花生间作复合体系光合特性的研究

[J]. 作物学报, 2006, 32(6): 917-923.

[36] 兰玉峰, 夏海勇, 刘红亮, 等. 施磷对西北沿黄灌耕灰钙土玉米/鹰嘴豆间作产量及种间相互作用的影响[J]. 中国生态农业学报, 2010, 18(5): 917-922.

[37] 焦念元, 赵春, 宁堂原, 等. 玉米/花生间作对作物产量和光合作用光响应的影响[J]. 应用生态学报, 2008, 19(5): 981-985.

[38] 柴强, 杨彩红, 黄高宝. 交替灌溉对西北绿洲区小麦间作玉米水分利用的影响[J]. 作物学报, 2011(9): 1623-1630.

[39] 柴强, 于爱忠, 陈桂平, 等. 单作与间作的棵间蒸发量差异及其主要影响因子[J]. 中国生态农业学报, 2011, 19(6): 1307-1312.

[40] 洪明, 赵经华, 马英杰, 等. 果农间作条件下滴灌大豆耗水规律试验研究[J]. 灌溉排水学报, 2010, 29(5): 114-116.

[41] 杨彩红, 柴强, 黄高宝. 荒漠绿洲区交替灌溉小麦/玉米间作水分利用特征研究[J]. 中国生态农业学报, 2010, 18(4): 782-786.

[42] 叶优良, 李隆, 孙建好. 三种豆科作物与玉米间作对水分利用的影响[J]. 灌溉排水学报, 2008, 27(4): 33-36.

[43] 胡恒觉, 黄高宝. 新型多熟种植研究[M]. 兰州: 甘肃科学技术出版社, 1998.

[44] Oljaca S, Cvetkovic R, Kovacevic D, et al. Effect of plant And irrigation on efficiency of maize (Zea mays) and bean (Phaeolus vulgaris) intercropping system[J]. Journal of Agricultural Scienee, 2000, 135:261-270.

[45] Rees D J. The effects of population density and intercropping with cowpea on the water use and growth of sorghum in semi-arid conditions in Botswana [J]. Agricultural and forest meteorology, 1986, 37: 293-308.

[46] Gao Y, Duan A, Sun J S, et al. Crop coefficient and water use efficiency of winter wheat/spring maize strip intercropping [J]. Field Crops Research, 2009, 11:65-73.

[47] Carruthers K, Prithiviraj B, Fe Q, et al. Intercropping corn with soybean, lupin and forages: yield component responses [J]. European Journal of Agronomy, 2000, 12(2): 103-115.

[48] Ghosh P K, Manna M C, Bandyopadhyay K K, et al. Interspecific interaction and nutrient use in soybean/sorghum intercropping system[J]. Agronomy Journal, 2006, 98(4):1097-1108.

[49] Ghosh P K, Tripathi A K, Bandyopadhyay K K, et al. Assessment of nutrient competition and nutrient requirement in soybean/sorghum intercropping system[J]. European Journal of Agronomy, 2009, 31(1): 43-50.

[50] Blaise D, Majumdar G, Tekale K U. On-farm evaluation of fertilizer application and conservation tillage on productivity of cotton and pigeonpea strip intercropping on rainfed Vertisols of central India[J]. Soil and Tillage Research, 2005, 84(1): 108-117.

[51] 戴佳信, 史海滨, 田德龙, 等. 内蒙古河套灌区主要粮油作物系数的确定[J]. 灌溉排水学报, 2011, 30(3): 23-27.

[52] Shuttleworth W J, Wallace J S. Evaporation from sparse crops-an energy combination theory [J]. Quarterly Journal of the Royal Meteorological Society, 1985, 111: 839-855.

[53] Teh C B S, Simmonds L P, Wheeler T R. Modelling the partitioning of evapotranspiration in a maize-sunflower intercrop [C]. The 2nd international conference on tropical climatology, meteorology and hudrology TCMH-2001, Brussels, Belgium.

[54] 彭姜龙, 张永强, 唐江华, 等. 株行距配置对夏大豆光合特性及产量的影响[J]. 大豆科学, 2015, 34(5): 794-800.

[55] 王秀领, 闫旭东, 徐玉鹏, 等. 玉米-大豆间作复合体系光合特性研究[J]. 河北农业科学, 2012, 16(4): 33-35,39.

[56] 李植, 秦向阳, 王晓光, 等. 大豆/玉米间作对大豆叶片光合特性和叶绿素荧光动力学参数的影响[J]. 大豆科学, 2010, 29(5): 808-811.

[57] 吴娜, 刘晓侠, 刘吉利, 等. 马铃薯/燕麦间作对马铃薯光合特性与产量的影响[J]. 草叶学报, 2015, 24(8):65-72.

[58] 张建雄, 刘春惊, 张保军, 等. 南疆杏棉复合系统条件下棉花冠层的光特性[J]. 干旱地区农业研究, 2010, 28(4):173-178.

[59] 毛树春, 韩迎春, 宋美珍, 等. 套作棉花共生期需水规律研究[J]. 棉花

学报, 2003, 15(3):155-158.

［60］ Adiku S G K, Ozier-Lafontaine H, Bajazer T , et al. Patterns of root growth and water uptake of a maize-cowpea mixture grown under greenhouse conditions［J］. Plant and Soil, 2001,235：85-94.

［61］ 任家兵, 张梦瑶, 肖靖秀, 等. 小麦/蚕豆间作提高间作产量的优势及其氮肥响应［J］. 中国生态农业学报(中英文), 2020, 28(12):1890-1900.

［62］ 蔡倩, 孙占祥, 郑家明, 等. 辽西半干旱区玉米大豆间作模式对作物干物质积累分配、产量及土地生产力的影响［J］. 中国农业科学, 2021, 54(5):909-920.

［63］ 刘浩,段爱旺,孙景生,等.间作模式下冬小麦与春玉米根系的时空分布规律［J］.应用生态学报,2007,18(6):1242-1246.

第二章　瓜棉间作作物的
生长发育

瓜棉间作种植在我国黄河流域棉花生产中占有十分重要的地位,以往该地区棉花生产效益不高,棉花种植面积逐渐减少,近些年瓜棉间套复合种植逐渐被当地农民推广起来,并成为增加农民收入、实现棉花生产可持续发展的一项高产高效种植模式。合理的间作群体结构在科学优化的灌溉制度下,会表现出较高的产量和水分利用效率。作物的生长发育是产量构成的基础,对产量的形成起了决定性作用。瓜棉间作的种植结构及相对应的农田水分管理是否合理,首先体现在间作群体的生长发育上。

第一节　水分处理对西瓜/棉花间作群体
生长发育的影响

一、试验区基本情况及试验设计

为了系统说明瓜棉间作配对植株生长发育对水分处理的响应情况,分别于 2012 年 1 月至 2015 年 10 月于河南省新乡县朗公庙镇瓜棉间作生产基地及 2013 年 1 月至 2015 年 10 月于中国农业科学院河南新乡七里营镇综合试验基地开展西瓜/棉花间作试验。每年 1 月底培育西瓜苗,3 月底深耕翻地,起垄并施三元复合肥(N、P_2O_5 和 K_2O 的含量均为 17%)750 kg/hm^2 和有机肥 45 m^3/hm^2 作为底肥,4 月上旬播种棉花并移栽西瓜苗,在垄上覆 80 cm 宽度的薄膜,同时采用 150 cm 宽度的农膜于垄上搭建小拱棚,以充分保证作物生长发育所需温度,随着大气温度逐渐升高,于西瓜伸蔓期(4月下旬)揭开小拱棚。两处试验区概况及试验处理分别如下:

(1)河南省新乡县朗公庙镇瓜棉间作生产基地。试验地土质为沙壤土,1 m土层平均土壤容重1.38 g/cm³,田间持水量24%(质量含水量,FC),地下水埋深大于5 m。供试西瓜品种为"台湾甜王",棉花品种为"天宁2号"。种植模式采用错位混种模式,即1垄为西瓜棉花套作,西瓜、棉花采用株间交错种植方式,行距40 cm,株距25 cm;相邻垄种植两行棉花,行距40 cm,株距25 cm。2垄间距1.5 m。西瓜种植密度为13 350株/hm²,棉花种植密度为40 050株/hm²。灌水方式采用膜下滴灌灌水方式,滴灌带铺设在每垄中间,滴头流量为2.0 L/h,每小区设单独水表,以计量灌水量。具体种植模式见图2-1。

试验处理以灌水定额为因素设4个处理:CK处理(灌水定额为30 mm,对照处理,以该项目近几年在瓜棉间作生产中所采用的平均滴灌定额为参考)、T1处理(灌水定额为15 mm,即对照灌水定额的0.5倍)、T2处理(灌水定额为22.5 m,即对照灌水定额的0.75倍)、T3处理(灌水定额为37.5 mm,即对照灌水定额的1.25倍),每处理重复3次,各处理的重复在区组中随机排列,共12个小区,每小区面积12.0 m×8.5 m。西瓜/棉花间作共生期为西瓜整个生育期及棉花苗期和蕾期,西瓜于6月底全部收获并拉秧腾茬,之后进入非共生期,非共生期为棉花花铃期及吐絮期,棉花于10月中上旬收获结束。考虑西瓜对水分需求较为敏感,共生期灌水下限以西瓜为主,对照处理西瓜苗期、开花坐果期、果实膨大期、成熟期灌水下限分别为60%田持、70%田持、80%田持、60%田持,非共生期棉花花铃期、吐絮期的灌水下限分别为70%田持、55%田持。当对照处理土壤含水量低于设定的土壤含水量下限时,进行灌水,其他处理灌水时间均同CK处理。各处理其他田间管理措

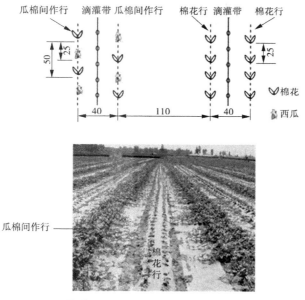

图 2-1　西瓜/棉花间作种植方式(错位混种模式)　(单位:cm)

施均保持一致,追肥时将肥料溶于水中,滴灌施入。结合该地区降雨资料及土壤含水量观测数据,西瓜/棉花间作全生育期不同水分处理下灌水时间及灌水定额如表 2-1 所示,棉花播种及西瓜移栽后,为保证成活率及时灌水,各处理保苗水均按照当地农民在西瓜生产中所用的平均灌水定额(30 mm)来进行灌水。

(2)中国农业科学院河南新乡七里营镇综合试验基地。试验点多年平均气温 14.1 ℃,无霜期 210 d,日照时数 2 398.8 h,多年平均降水量 588.8 mm,多年平均蒸发量 2 000 mm。0~100 cm 土层平均土壤容重为 1.51 g/cm³,田间持水量为 20.5%(质量含水量),地下水埋深大于 5 m,土壤类型为壤土。棉花品种为"百棉 5号",西瓜品种为"台湾甜王",间作种植结构为 1:2 种植,即每垄种

表 2-1　　西瓜/棉花间作全生育期不同水分处理下灌水时间及灌水定额
（错位混种种植模式）

生育期			灌水	灌水定额（mm）			
时期	西瓜	棉花	日期	T1	T2	T3	CK
共生期	苗期	苗期	4月上旬	30	30	30	30
			4月中旬	15	22.5	37.5	30
			5月上旬	15	22.5	37.5	30
	开花结果期		5月中旬	15	22.5	37.5	30
	果实膨大期		6月上旬	15	22.5	37.5	30
	成熟期	蕾期	6月下旬	15	22.5	37.5	30
非共生期		花铃期	8月下旬	15	22.5	37.5	30
		吐絮期	—	—	—	—	—

植 1 行西瓜、2 行棉花,棉花宽窄行种植,宽行行距 110 cm,窄行行距 40 cm,西瓜种植于棉花窄行中间位置,棉花株距 30 cm,西瓜株距 60 cm,棉花种植密度为 44 490 株/hm²,西瓜种植密度为 11 130 株/hm²。单作处理中西瓜和棉花与间作中各自带幅上的种植密度相同。具体种植模式如图 2-2 所示。棉花/西瓜间作共生期为西瓜整个生育期和棉花苗期、蕾期,非共生期为棉花的花铃期及吐絮期。

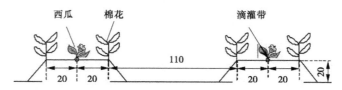

图 2-2　西瓜/棉花间作种植方式（1:2 种植模式）　（单位:cm）

　　试验设计以水分处理为主,根据西瓜各生育阶段不同的需水特性,分别在西瓜的开花坐果期、果实膨大期、果实成熟期设轻度水分亏缺（70%田持）、中度水分亏缺（60%田持）处理（考虑西瓜耗水量比较大且对水分需求较为敏感,因此在确定水分亏缺时尽量避免使其重度亏水),西瓜收获后非共生期不作水分处理。设共生期充分供水为对照处理,同时,另设单作西瓜、单作棉花充分供水,以作为间作需水量模型构建的基础(棉瓜间作试验中充分供水以灌水下限为80%田持为参考),具体见表2-2。试验共9个处理,每处理重复3次,小区面积99.6 m²(8.3 m×12.0 m)。灌水

表2-2 西瓜/棉花间作水分处理试验方案(1:2种植模式)

处理	共生期			非共生期	
	棉花苗期		棉花蕾期	棉花花铃期	棉花吐絮期
	西瓜开花结果期	西瓜果实膨大期	西瓜成熟期	—	—
KH60(开花期60%田持)	60%田持	充分	充分	70%田持	50%田持
KH70(开花期70%田持)	70%田持	充分	充分	70%田持	50%田持
PD60(膨大期60%田持)	充分	60%田持	充分	70%田持	50%田持
PD70(膨大期70%田持)	充分	70%田持	充分	70%田持	50%田持
CS60(成熟期60%田持)	充分	充分	60%田持	70%田持	50%田持
CS70(成熟期70%田持)	充分	充分	70%田持	70%田持	50%田持
XC(西瓜单作)	充分	充分	充分	—	—
MC(棉花单作)	充分			70%田持	50%田持
JC(间作处理)	充分	充分	充分	70%田持	50%田持

方式采用膜下滴灌,滴灌带铺设在每垄西瓜行上,滴头流量为 2.0 L/h。灌水量为 30 mm,滴灌带布置在每垄中间位置。各处理锄草、施肥、化控、病虫害防治等田间管理措施均保持一致,按照当地生产实践进行。

二、间作西瓜主蔓长、间作棉花株高

西瓜/棉花间作种植模式中西瓜主蔓长和棉花株高是衡量间作群体株型状况是否合理的敏感指标。株高在很大程度上决定着作物冠层对光的截获能力及光能利用率。作为植株性状的重要参考评价指标之一,株高在一定水平上体现作物的生长发育状况,与作物的产量息息相关。间作的种植结构及土壤水分状况均是制约间作群体植株生长发育过程中重要的环境因子。图 2-3 给出了 2013 年不同水分处理下间作西瓜主蔓长、棉花株高的变化规律。图 2-3(a)表明,西瓜/棉花错位混种种植模式下,西瓜苗期至果实膨大期 T3 处理主蔓长值最大,T1 处理主蔓长值最小,该阶段两者主蔓长平均相差 38.2%;果实膨大期至成熟期期间,T2 处理主蔓长逐渐超过 T3 处理,T1 处理主蔓长值仍然最小。说明西瓜生育前期对水分的需求较大,灌水量以 37.5 mm 为宜,生育后期灌水量以 22.5 mm 为宜。图 2-3(b)表明,膜下滴灌条件下棉花株高对水分调控的响应十分明显,T3 处理全生育期灌水量最高,株高一直处于较高水平,T2 处理和 CK 处理的株高一直处于中间水平,两者值比较接近,T1 处理株高最低。分析可以发现,T1 处理灌水量最小,在棉花的需水关键期使棉花受旱,长期的水分亏缺使得植株生长受到影响。以上分析表明,西瓜苗期至果实膨大期高水分 T3 处理主蔓长值最大,果实膨大期至成熟期中水分 T2 处理主蔓长值最大,整个生育期低水分 T1 处理下主蔓长值最小;对间作棉花株高而言,高水分 T3 处理下株高值最大,低水分 T1 处理下株高值最小。

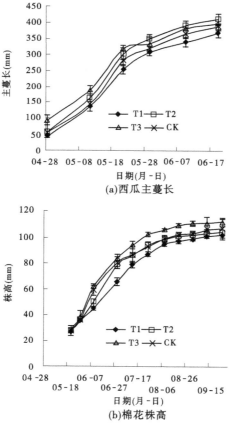

(a)西瓜主蔓长

(b)棉花株高

图 2-3　2013 年不同水分处理下西瓜主蔓长、棉花株高
的变化过程(2013 年新乡)

三、西瓜╱棉花间作群体叶面积指数

叶片是植物进行光合作用的主要器官,叶片的大小影响着潜在的光能截获量,因此具有较大叶面积的作物具有比较高的光能

利用率。叶面积指数(*LAI*)是作物群体结构的重要指标之一,适宜的叶面积指数是植株在生长过程中充分利用光能、提高产量和品质的重要途径之一。叶面积指数能够直接反映作物生长状况(冠层大小及郁闭程度),是体现作物生长发育特征的重要参数之一,其变化体现着作物生长发育的不同状态,作物叶面积的大小直接对作物冠层上方及冠层内部的光照强度和热量的分布产生影响,从而进一步对作物群体的水分及养分吸收利用等生理过程产生影响。因此,合理的叶面积指数是作物充分利用光能及提高作物产量的重要条件之一。

　　每小区选取 3 株长势均一的西瓜和棉花定期观测叶面积,每 10 d 采用米尺测量叶片的长度和宽度,采用 LI-3000A 型叶面积仪(Portable Area Meter)确定叶面积计算系数,进而计算叶面积指数,瓜棉群体叶面积指数(*LAI*)=(棉花单株叶面积×棉花种植密度+西瓜单株叶面积×西瓜种植密度)/亩。数据分析可知,西瓜/棉花间作群体叶面积指数在整个生育期呈双峰曲线变化。图 2-4 和图 2-5 均表明,错位混种种植模式和 1:2 种植模式在不同水分处

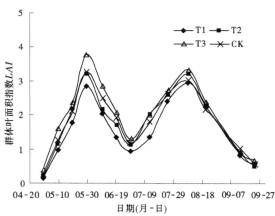

图 2-4　不同水分处理西瓜/棉花间作群体叶面积
指数变化过程(2013 年新乡,错位混种模式)

理下间作群体叶面积指数变化规律较一致,苗期气温较低,西瓜和棉花生长缓慢,*LAI*值较低,西瓜开花结果期至果实膨大期群体叶面积指数呈直线增长,图2-4表明,错位混种模式果实膨大期(5月29日)群体叶面积达到第一个峰值,其中T3处理*LAI*最大,为3.79,T2处理和CK处理*LAI*值相当,无明显差异,T1处理*LAI*最小,为2.84。图2-5表明,1:2种植模式下果实膨大期(6月11日)达到第一个峰值,JC处理*LAI*峰值最大,为3.97,其次为PD70处理,*LAI*峰值为3.81,与JC处理较为接近,基本无差异,各处理峰值较JC处理相比明显偏小,其中KH60处理峰值最小,为2.96。说明瓜棉共生期水分对群体叶面积指数影响较大,*LAI*值以西瓜为主,西瓜整个生育期对水分的需求比较敏感,水分越高,营养生长越旺盛。随着西瓜逐渐进入成熟期,西瓜植株生长缓慢衰竭,群体叶面积指数又迅速减小,当共生期结束西瓜拔秧后棉花开始进入花铃期,此阶段棉花营养生长逐渐加速,群体*LAI*指数仅指棉花*LAI*,随着棉花植株的生长,各处理群体*LAI*值又迅速增加,直至花铃盛期*LAI*达到第二个峰值,图2-4表明,错位混种模式下T2、T3、CK处理之间*LAI*无明显差异,T1处理较其他处理偏小。图2-5表明,随着西瓜逐渐进入成熟期,植株生长缓慢衰竭,群体*LAI*迅速减小,棉花花铃期(8月9日)群体*LAI*达到第二个峰值,

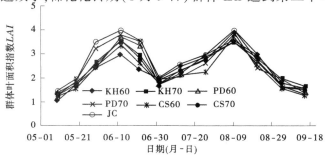

图 2-5   不同水分处理西瓜/棉花间作群体叶面积指数变化过程
(2015 年新乡,1:2种植模式)

各处理间无明显差异。花铃后期随着营养生长向生殖生长的转移,棉株衰老、部分叶子开始脱落,功能叶逐渐减少,*LAI* 呈下降趋势,各处理间无明显差异。西瓜收获后棉花进入花铃期,灌水量越大,*LAI* 越大,此阶段是棉花生长的营养阶段,水分对叶面积指数的大小有一定的影响,当棉花营养生长逐渐转入生殖生长,叶片开始发黄脱落,水分对叶面积指数的影响逐渐减弱。

四、西瓜/棉花间作棉花生殖生长过程

棉花蕾铃脱落是生产中普遍存在的一个问题。一般大田棉脱落率为 60%~70%,引起蕾铃大量脱落的原因有病虫危害、水分胁迫、光照不足、种植密度及同化物的源、库、流关系不协调等因素,因此深入地了解蕾铃脱落的规律,明确蕾铃脱落的机制,研究出减少脱落、增加结铃的有效途径,对于提高棉花单位面积产量有着重要的意义。

每小区选长势均一的 3 株棉花植株作为调查对象,主要调查果枝数、花、蕾、铃数和脱落数等。脱落率计算方法:某一时段的蕾铃脱落率等于该时段的蕾铃脱落数除以总果节数。图 2-6(a) 表明,各水分处理下棉花单株蕾铃数变化趋势基本一致,即随着棉花进入花铃期,蕾铃数开始迅速增加,花铃盛期蕾铃数增加到最大,之后呈缓慢减小直到趋于平缓的趋势。分析各水分处理对棉花蕾铃数的影响可知,花铃初期至花铃盛期阶段,T3 处理蕾铃数最多,T1 处理蕾铃数最少,两处理蕾铃数最大相差 10 个,T2 处理和 CK 处理蕾铃数比较接近,处于中间水平;花铃盛期至吐絮期,各处理蕾铃数逐渐减少,T3 处理、T2 处理及 CK 处理三者蕾铃数比较接近,差异较小,而 T1 处理蕾铃数仍然最少。说明花铃盛期之前,水分对蕾铃数的影响较大,高水分处理蕾铃数较多,长期的亏水使得蕾铃数一直处于较少状态。图 2-6(b) 表明,花铃盛期到收获期 T3 处理脱落率明显高于其他处理,最终脱落率为 62.3%,其次为 T1 处理,蕾铃脱落率为 60.78%,T2 处理在该阶段脱落率最小,最终脱落率仅为 59.6%。

图 2-7(a) 表明,截至 9 月 21 日,JC 处理在整个过程中蕾铃数

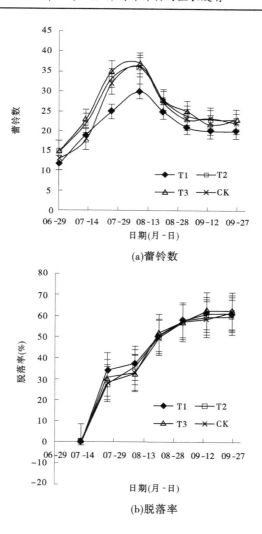

(a)蕾铃数

(b)脱落率

图 2-6　间作棉花蕾铃数及脱落率变化过程
(2013 年新乡,错位混种种植模式)

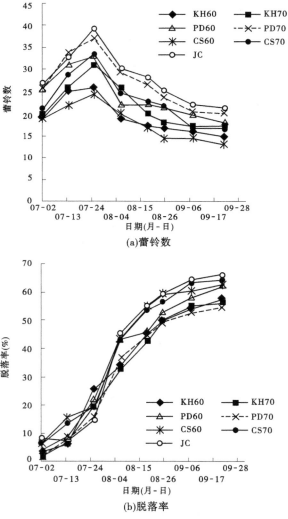

(a)蕾铃数

(b)脱落率

图 2-7　间作棉花蕾铃数及脱落率变化过程
(2015 年新乡,1:2种植模式)

最多,单株成铃数为 21 个,其次为 PD70 处理,单株成铃数为 20 个,CS60 处理蕾铃数最少,单株成铃数为 13 个。说明共生期水分处理对棉花蕾铃数有一定的影响,JC 处理在共生期(棉花苗期、蕾期)进行充分供水使得棉花生长旺盛,蕾铃数偏多,PD70 处理在西瓜膨大期(棉花苗期)进行适当的水分亏缺有利于蕾铃数的形成,而 CS60 处理在西瓜成熟期(棉花蕾期)进行严重水分亏缺,使得蕾铃数一直处于较少状态。图 2-7(b)表明,PD70 处理脱落率最小,脱落率为 54.55%,其次为 KH70 处理,脱落率为 56.41%,JC处理脱落率最大,高达 66.13%。分析可知,共生期于西瓜膨大期(棉花苗期)进行轻度亏水处理,对棉花进行适当的干旱锻炼,促使其根系深扎,当土壤含水量达到下限时灌水,由于作物的补偿生长效应,棉花迅速生长,有利于蕾铃的形成。而 JC 处理在棉花苗期、蕾期充分供水,使得棉株生长旺盛,蕾铃数较其他处理偏多,但棉株过早封行,田间透光透气性变差,落铃现象比较严重。

　　棉花蕾铃的发育和消长受土壤水分的影响较大,灌水定额过大使棉株生长过旺,棉株过早封行,田间透光透气性变差,落铃现象比较严重,而长期的水分胁迫导致蕾铃数偏少,并且花铃后期蕾铃脱落现象严重。

第二节　水分处理对甜瓜/棉花间作群体生长发育的影响

一、试验区基本情况及试验设计

　　甜瓜/棉花试验于 2010~2014 年在中国农业科学院农田灌溉研究所作物需水量试验场进行。于 3 月底深耕翻地,播种前沟施复合肥(N-17,P-17,K-17) 750 kg/hm² 和有机肥 45 m³/hm² 作为底肥。分别设两种种植模式,具体如下:

（1）2010~2011 年试验。供试甜瓜品种为"白沙蜜"，棉花品种为"中棉所 63"，采用等行距瓜棉间作植模式，垄间间距 1.25 m，垄高 30 cm，垄底宽 60 cm，棉花和甜瓜分别种在垄两侧半腰部位。棉花株距为 35 cm，种植密度为 22 500 株/hm²；甜瓜株距为 70 cm，种植密度为 31 500 株/hm²。瓜棉于 2010 年 4 月 6 日同时播种并在垄上覆 80 cm 宽度的薄膜，具体种植模式见图 2-8。共生期为棉花的苗期、花铃前期和甜瓜整个生育期，采用沟灌灌水，水表计量。

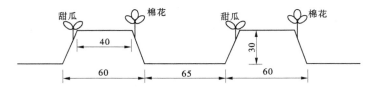

图 2-8　甜瓜/棉花间作种植方式（等行距种植模式）　（单位:cm）

甜瓜/棉花间作的主供试作物为棉花，水分处理以棉花生育期来划分，每个生育阶段设置 3 个灌水水平，苗期、蕾期及吐絮期均为田间持水量的 50%、60%、70%，花铃前期及后期均为田间持水量的 55%、65%、75%，采用完全随机区组设计，另设全生育期充分灌水作为对照处理，共 11 个处理（见表 2-3），每个处理重复 3 次，小区面积为 30 m×42.5 m。各处理采用同样的灌水方式，灌水上限为田间持水量。

当每个处理灌水计划湿润层（苗期为 40 cm，蕾期为 60 cm，花铃期和吐絮期均为 80 cm）的土壤水分达到控制水分下限指标时即按设计的灌水定额进行灌水，出苗水为 600 m³/hm²，苗期和蕾期为 475 m³/hm²，花铃前期、花铃后期和吐絮期调整为 375 m³/hm²。各处理锄草、施肥、化控、病虫害防治等田间管理措施均保持一致，按照当地生产实践进行。

表 2-3　甜瓜/棉花间作水分处理试验方案(等行距种植模式)

处理	苗期(%)	蕾期(%)	花铃前期(%)	花铃后期(%)	吐絮期(%)
T1	50	70	75	75	70
T2	60	70	75	75	70
T3	70	50	75	75	70
T4	70	60	75	75	70
T5	70	70	55	75	70
T6	70	70	65	75	70
T7	70	70	75	55	70
T8	70	70	75	65	70
T9	70	70	75	75	50
T10	70	70	75	75	60
CK	70	70	75	75	70

注:各处理水分含量为占田间持水量的百分比。

(2)2012~2014 年试验。供试甜瓜品种为"白沙蜜",棉花品种为"中棉所 79",采用甜瓜与棉花 1∶2种植模式,间作棉花宽窄行种植,宽行行距 110 cm,窄行行距 40 cm,株距 35 cm,种植密度为每公顷 3.8 万株;甜瓜种于棉花窄行内,穴距 60 cm,种植密度为每公顷 1.5 万穴,甜瓜和棉花间距 20 cm。单作的株行距和间作相同。甜瓜和棉花于 4 月 13 日同时播种,采用"干播湿出"方式,即低墒播种,随后滴出苗水。播种后立即在垄上覆 80 cm 宽度的薄膜,1 膜控制 2 行棉花和 1 行甜瓜。具体种植方式见图 2-9。

试验设 3 个土壤水分处理,灌水下限分别为田间持水量的 75%、65% 和 55%,分别为间作+75%(IH)、间作+65%(IM)、间作+55%(IL)、单作+75%(H)、单作+65%(M)和单作+55%(L),共 6

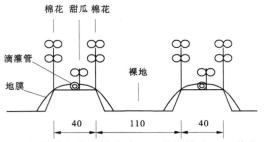

图 2-9　甜瓜/棉花间作种植方式(1:2种植模式) （单位:cm）

个处理。灌水方式采用膜下滴灌灌水方式,滴灌带置于棉花 40 cm 窄行之间,滴孔间距 30 cm,水表计量灌水量。当每个处理灌水计划湿润层(苗期为 40 cm,蕾期为 60 cm,花铃期为 80 cm)的土壤水分达到控制水分下限指标时进行灌水,灌水定额为 450 m^3/hm^2。

二、间作甜瓜主蔓长、间作棉花株高

图 2-10 为甜瓜/棉花 1:2种植模式不同土壤水分处理对甜瓜、棉花株高生长过程的影响。图 2-10(a)表明,各处理甜瓜主蔓长在苗期到伸蔓期生长缓慢,伸蔓期到膨瓜期生长较快,膨瓜期到成熟期又逐渐减慢。单作和间作相比,苗期单作和间作的甜瓜主蔓长相近,苗期到伸蔓期、伸蔓期到果实膨大期及成熟期间作甜瓜的蔓长均低于单作甜瓜。水分处理方面表现为,膨瓜期和成熟期,单作高水分处理的甜瓜主蔓长高于低水分处理,其中差距最大时单作高水分处理比低水分处理平均主蔓长高9%。图 2-10(b)表明,各处理棉花株高均表现为蕾期到花铃期棉株生长迅速,之后趋于平缓的过程。单作中,高水分处理棉花生长快,株高始终大于低水分处理。花铃期时,H、M、L 三个处理的平均株高分别为 140 cm、132 cm、121 cm。高低水分处理的平均株高相差达 20 cm 左右。间作群体中,高水分处理下甜瓜生长较快,对棉花产生了水分和养

分的竞争,因此高水分处理的棉株并没有因为水分较高而比其他处理棉株有明显的优势,三者的株高依次是 IM>IH>IL,花铃期 IM处理的平均株高和 IL 处理的相差有 25 cm。在相同的土壤水分条件下,单作 H 和 L 处理的棉花株高显著大于间作 IH 和 IL 处理,M和 IM 处理的株高没有明显区别。

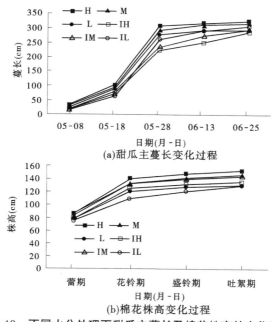

(a)甜瓜主蔓长变化过程

(b)棉花株高变化过程

图 2-10　不同水分处理下甜瓜主蔓长及棉花株高的变化过程

(1:2种植模式)

三、甜瓜/棉花间作群体叶面积指数

甜瓜/棉花间作群体叶面积指数的计算与西瓜/棉花间作群体叶面积指数方法相同。各生育阶段不同程度水分亏缺对叶面积指数的影响如图 2-11 所示,可以看出,不同水分处理叶面积指数变

化趋势为双峰曲线,峰值分别出现在棉花花铃前期(出苗后第 58
天)和花铃后期(出苗后第 77 天)。

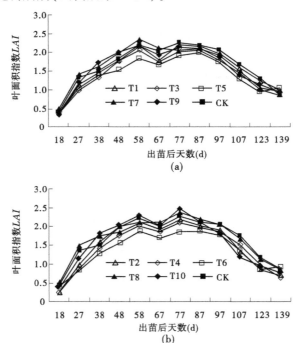

图 2-11　不同水分处理对甜瓜/棉花群体叶面积指数
变化过程(等行距种植模式)

　　苗期气温较低,甜瓜和棉花生长缓慢,叶面积指数较小,水分
亏缺处理 T1 和 T2 在蕾期复水后与对照处理差异不明显,说明此
阶段一定程度的水分亏缺不仅不会影响作物的正常生长发育,还
可以达到节水的目的。进入棉花蕾期后(出苗后第 27 天),植株
营养生长和生殖生长并进,再加上甜瓜伸蔓期的到来,叶面积指数
呈直线性陡增的趋势,该阶段干旱对瓜棉叶面积指数影响较大,叶

面积指数随着水分亏缺程度的增大而减小，即 CK>T4>T3，且复水后差异减小。进入花铃前期后，群体叶面积指数达到最大值 2.36（处理 T7），7 月 15 日拔除瓜苗（出苗后第 66 天），不同水分处理叶面积指数明显减小，最小值 1.68 出现在重度水分处理 T5。在花铃后期（第 77 天）棉花生长发育出现第二次峰值，叶面积指数达到 2.27，到花铃后期随着营养生长向生殖生长的转移，叶面积指数趋于稳定，水分亏缺处理 T7 和 T8 对叶面积的影响较小，还可以看出，重度水分亏缺处理叶面积指数达到峰值的时间滞后于其他处理，充分说明水分亏缺抑制了棉株叶片的正常生长发育。随后进入吐絮期，棉株衰老，部分叶子开始脱落，功能叶逐渐减少，叶面积指数有一定程度的下降，但蕾期水分亏缺处理 T5 和 T6 却有增长的趋势，主要是因为前期的干旱使得复水后棉花返青贪熟，果枝上又重新长出新叶和现新蕾，使秋桃数量有所增加，但不利于产量的提高。

四、甜瓜/棉花间作棉花生殖生长过程

由图 2-12 可以看出，各处理的成铃进程在调查时段内的变化趋势一致，即前期成铃缓慢，中期较快，后期又趋于缓慢，在整个过程中，花铃前期水分亏缺处理（T5 和 T6）成铃数一直低于其他处理，与其他处理差异达极显著水平，其他处理间差异不明显。从具体时间来看，重度水分亏缺处理 T5 在 8 月 22 日（出苗后第 104 天）与对照处理 CK 成铃数相差 9.77 个，中度水分亏缺处理 T6 在花铃后期复水后，成铃数逐渐降低，到 9 月 5 日（出苗后第 118 天）与 CK 成铃数相差 9.2 个，这两个处理的蕾铃脱落率也较高，直接导致最终产量在整个处理中最小。从图 2-12 还可以看出，不同生育阶段中度水分亏缺处理的成铃进程在 8 月 8 日（出苗后第 90 天）后呈现出一定的规律，即 T4>CK>T8>T2>T6。由图 2-13 可以看出，蕾铃脱落率的规律为 T6>CK>T8>T4>T2，由此可以得出最

优处理是蕾期中度水分亏缺处理 T4,最终产量在所有处理中为最大。从棉花的整个生育阶段来看,各个处理棉铃脱落率在 8 月初有突然增多的趋势,主要是植株生长进入雨季,光照减弱,光合产物少,花蕾在雨水的冲刷下减少,植株体内含糖量下降,脱落率增加;同时在弱光下,减慢养分从叶片流向蕾铃的速度,不利于蕾铃的发育;再加上花铃期追肥不足造成水肥失调,有机养料制造减少,而呼吸作用消耗有机养料增加,致使下部光照不足的蕾铃脱落严重。

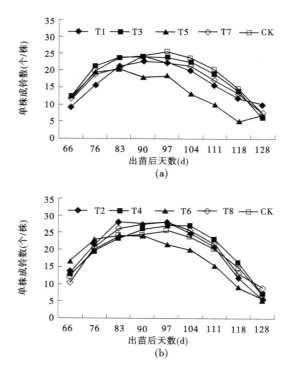

图 2-12　不同水分处理对棉花成铃进程的影响(等行距种植模式)

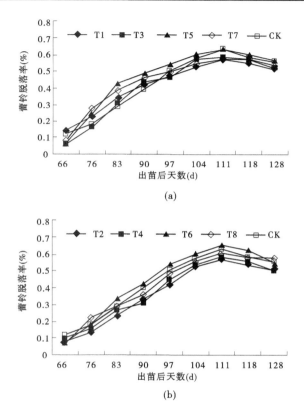

图 2-13　不同水分处理对棉花蕾铃脱落率的影响(等行距种植模式)

五、瓜棉间作中棉花蕾铃数与叶面积指数的关系

图 2-14 给出了蕾铃数与间作群体叶面积指数的关系,可以看出,甜瓜/棉花间作模式下棉花蕾铃数与叶面积指数呈现良好的对数关系,即蕾铃数随叶面积指数的增大呈现逐渐增大的变化规律,其回归方程为:

$$Y = a\ln(LAI) + b \tag{2-1}$$

式中:Y 为蕾铃数,个/株;LAI 为叶面积指数;a 和 b 为回归系数,其中 $a=26.008$,$b=17.220$,回归方程拟合精度较高,相关系数为 0.9502,达到极显著水平($P<0.01$)。

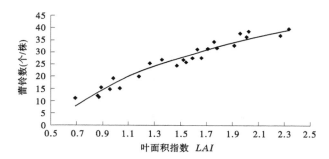

图 2-14　棉花蕾铃数与叶面积指数的关系

参 考 文 献

[1] Mahant H D, Patil S J, Bhalerao P P, et al. Economics and land equivalent ratio of different intercrops in banana (Musa paradisiaca L.) cv. GRAND NAINE under drip irrigation[J]. Asian Journal of Horticulture, 2012, 7 (2): 330-332.

[2] Mofoke A L E, Adexumi J K, Babatunde F E, et al. Yield of tomato grown under continuous-flow drip irrigation in Bauchi state of Nigeria [J]. Agricultural Water Management, 2006, 84(1): 166-172.

[3] Ertek A, Sensoy S, Gedik I, et al. Irrigation scheduling based on pan evaporation values for cucumber (Cucumissativus L.) grown under field conditions[J]. Agricultural Water Management, 2006, 81(1): 159-172.

［4］Ali M H, Talukder M S U. Increasing water productivity in crop production- A synthesis［J］. Agricultural Water Management An International Journal, 2008, 95(11):1201-1213.

［5］Bedoussac L, Justes E. Dynamic analysis of competition and complementarity for light and N use to understand the yield and the protein content of a durum wheat-winter pea intercrop［J］. Plant and Soil, 2010, 330:37-54.

［6］Carruthers K, Prithiviraj B, Fe Q, et al. Intercropping corn with soybean, lupin and forages: yield component responses［J］. European Journal of Agronomy,2000,12(2): 103-115.

［7］Ghosh P K, Manna M C, Bandyopadhyay K K,et al. Interspecific interaction and nutrient use in soybean/sorghum intercropping system［J］. Agronomy Journal,2006,98(4): 1097-1108.

［8］Ghosh P K, Tripathi A K, Bandyopadhyay K K,et al. Assessment of nutrient competition and nutrient requirement in soybean/sorghum intercropping system［J］. European Journal of Agronomy,2009, 31(1): 43-50.

［9］ Blaise D, Majumdar G, Tekale K U. On-farm evaluation of fertilizer application and conservation tillage on productivity of cotton and pigeonpea strip intercropping on rainfed Vertisols of central India［J］. Soil and Tillage Research,2005, 84(1): 108-117.

［10］叶优良,肖焱波,黄玉芳,等. 小麦/玉米/和蚕豆/玉米间作对水分利用的影响［J］. 中国农学通报,2008,24(3): 445-449.

［11］刘广才,李隆,黄高宝,等. 大麦/玉米间作优势及地上部和地下部因素的相对贡献研究［J］. 中国农业科学,2005,38(9): 1787-1795.

［12］魏学敏,吕志远,赵淑银,等. 立体种植作物需水量和不同水肥处理对产量影响的试验研究［J］. 内蒙古农业大学学报,2013,34(3):130-134.

［13］黄高宝,张恩和. 调亏灌溉条件下春小麦玉米间套农田水、肥与根系的时空协调性研究［J］. 农业工程学报,2002,18(1):53-56.

［14］孔玮琳,薛燕慧,杨潇,等. 不同氮水平下夏玉米夏大豆间作对其农艺性状及产量的影响［J］.山东农业科学,2018,50(7):116-120.

［15］李隆.间套作强化农田生态系统服务功能的研究进展与应用展望［J］. 中国生态农业学报,2016,24(4):403-415.

[16] 吕书财, 徐瑶, 陈国兴, 等. 大豆冠层光合有效辐射、叶面积指数及产量对种植密度的响应[J]. 江苏农业科学, 2018, 46(18): 68-72.

[17] 王秀领, 闫旭东, 徐玉鹏, 等. 玉米-大豆间作复合体系光合特性研究[J]. 河北农业科学, 2012, 16(4): 33-35.

[18] 李植, 秦向阳, 王晓光, 等. 大豆/玉米间作对大豆叶片光合特性和叶绿素荧光动力学参数的影响[J]. 大豆科学, 2010, 29(5): 808-811.

第三章　瓜棉间作作物的
生理指标及光合特性

　　光合作用和蒸腾作用是作物维持水分代谢和营养物质传输、吸收的重要途径,同时也是干物质积累和作物消耗水分的主要方式。绿色植物通过光合作用来积累有机物是作物产量形成的主要机制。作物生产的实质一般表现为作物光合产物的积累和转化,通过光合作用所形成的有机物质占据植株总干物质质量的95%左右,因而改善作物的光合性能是提高作物产量的基础途径。对于大田作物来说,叶片作为作物的光合源和营养源,通过叶绿体吸收光能,将 CO_2 和 H_2O 合成为有机物并释放出 O_2,同时将太阳能转化为化学能储存在糖类和其他有机物中,是其对应果枝、花、蕾、铃生长发育所需养料的主要制造器官。间套作复合群体所特有的结构特征,在改善光在群体内的分布状况,提高光合效率方面有独到之处,间作群体接受的太阳辐射总量与单作群体在同一时间段内是一致的,只是由于间作群体构成的镶嵌式结构而使光能再分配模式发生了改变,造成间作群体的光环境与单作不同,进而使间作群体照光叶面积与总叶面积的比率提高,最终影响间作群体总产量的高低。

　　本章试验数据来自于:①2010~2011年在中国农业科学院农田灌溉研究所作物需水量试验场进行的甜瓜/棉花间作等行距种植模式试验,水分处理以棉花生育期来划分,每个生育阶段设置3个灌水水平,苗期、蕾期及吐絮期均为田间持水量的50%、60%、70%,花铃前期及后期均为田间持水量的55%、65%、75%,采用完全随机区组设计,另设全生育期充分灌水作为对照处理,共11个处理。②2012~2014 年在中国农业科学院农田灌溉研究所作物需水量试验场进行的甜瓜/棉花间作 1∶2 种植模式试验。试验设 3 个土壤水分处理,灌水下限分别为田间持水量的 75%、65%、55%,分别为间作+75%(IH)、间作+65%(IM)、间作+55%(IL)、单作+75%(H)、单作+65%(M)和单作+55%(L),共 6 个处理。具体种植模式及水分处理详见第二章第二节。

第一节 甜瓜/棉花间作群体叶水势

一、间作甜瓜叶水势变化过程

试验选取甜瓜主蔓上靠外边缘的叶片作为功能叶片,每天早上 09∶00 测量 1 次。6 月初棉花生育阶段由苗期进入蕾期,届时甜瓜已进入生殖生长和营养生长并进的伸蔓期,因此研究甜瓜需水关键期的叶水势逐日变化对优化瓜棉套灌溉制度有着重要意义。

图 3-1 为苗期亏缺处理 T1 和 T2 在进入下一生育阶段复水(6 月 8 日)后,直到下一次灌水(6 月 19 日)甜瓜叶水势的连续观测数据,以及甜瓜伸蔓期亏缺处理 T3 和 T4 从这一阶段开始亏缺一直到下次灌水甜瓜叶水势的逐日变化过程线。可以看出,棉花苗期(甜瓜苗期)水分亏缺处理 T1、T2 和蕾期(甜瓜伸蔓期)水分亏缺处理 T3、T4 的变化趋势基本一致,除去 6 月 7 日和 6 月 19 日的灌水情况,4 条曲线总体呈下降趋势;由表 3-1 可知,各处理的叶水势与气温呈线性关系,并且为极显著的负相关。

6 月 6 日各处理土壤含水率占田间持水量的百分比分别为:T1 为 54.14%,T2 为 56.34%,T3 为 60.87%,T4 为 82.45%,由图 3-1 中可以看出,前 T1 至 T3 处理的叶水势都在 -20 MPa 左右,T4 处理叶水势最高为 -13.7 MPa,同时其含水量也较高,表明在相同天气条件下,土壤含水量高,叶水势也高;土壤含水量低,则叶水势也低,两者呈正相关关系。6月7日各处理叶水势均有上升趋势,这是由于当天气温降低,蒸腾作用减弱,单位时间损失的水分减少,叶片组织含水量相对增加,叶水势随之升高。苗期亏缺的两个处理在蕾期复水后(6月8日灌水),均有大幅度的提高,之后气温逐渐升高,直到6月16日,各处理叶水势均为下降趋势,且在6月15日下降幅度比较大,主要是该日气温在09:00接近30℃造成的。6月19日灌水后(除去处理T1),各处理均有大幅度的升高,且T2处理叶水势与6月8日灌水后的数据相当。

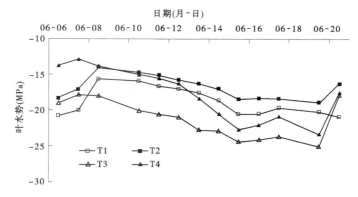

图 3-1　间作甜瓜叶水势逐日变化过程

表 3-1　灌水周期内间作甜瓜逐日叶水势与气温的关系

处理	回归方程	相关系数
T1	$y=-0.616\ 4x-1.855\ 5$	0.982 0
T2	$y=-0.544\ 9x-2.163\ 3$	0.964 2
T3	$y=-0.591\ 7x-6.596\ 6$	0.965 2
T4	$y=-1.240\ 9x+14.263$	0.992 6

二、间作棉花叶水势变化过程

图 3-2 给出了不同水分处理间作棉花蕾期(6 月 24 日)、花铃前期(6 月 28 日)及花铃后期(7 月 31 日)棉花叶水势日变化曲线,可以看出,三个生育阶段叶水势日变化趋势大致相同,均为08:00 最高,随着时间的逐渐推移而下降,在 14:00~16:00 降到最低,持续一段低谷后又逐渐回升,但是 20:00 的叶水势值均未恢复到 08:00 的水平。主要是因为清晨光照弱,气温低,空气湿度大,作物蒸腾耗水很少,经过一夜的根系吸水补充,叶片中的组织含水量得以恢复,因而叶水势较高,之后随着光照强度的增加,气温逐渐升高,空气湿度有所下降,蒸腾作用、光合能力不断增强,生理耗水造成植物体含水量下降,作物为满足不断增加的蒸腾耗水,叶水势呈下降趋势,以增强作物从土壤中吸水的能力,在正午过后,随光照强度的减弱,蒸腾速率减小,叶水势开始回升。同时可以看出,随生育期进程的推进,环境温度不断升高,棉花叶水势的日变化幅度均有所增大,且各生育阶段中土壤含水量高,叶水势也高;土壤含水量低,叶水势也低,这与之前间作甜瓜叶水势的变化趋势基本一致。

从叶水势日变化低谷出现的时间来看,蕾期、花铃前期及花铃后期对照处理 CK 均出现在午后 14:00,而花铃前期的处理出现较晚,在 16:00 左右,重度水分亏缺处理 T5 恢复的较慢,可见花铃前期重度水分亏缺不利于作物的生长。T1、T2、T3 及 CK 在 6 月 24日的土壤含水量占田间持水量的百分比分别为 73.67%、73.16%、52.14% 及 87.41%,由图 3-2 可以看出,土壤含水量接近的处理 T1、T2,叶水势也比较吻合,最大差值仅为-1.2 MPa,且其低谷值与该日气温最高值出现的时间都为午后 14:00,可见叶水势受土壤含水量制约外,气象因子中的温度变化对其影响也比较大。

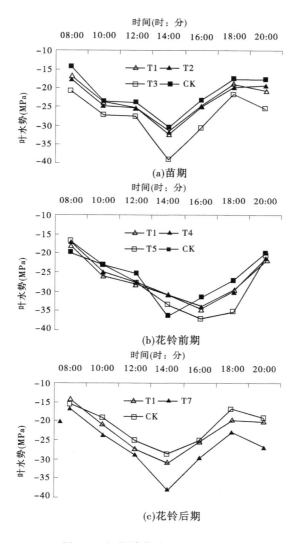

图 3-2　间作棉花叶水势日变化过程

第二节　甜瓜/棉花间作群体叶绿素和类胡萝卜素含量

　　叶绿素是植物进行光能吸收和转换的物质基础。叶绿素含量可以反映作物的营养条件,即叶子中叶绿素含量与作物目前的营养状况有关,且叶绿素含量与叶子中氮含量成正相关。叶绿素 a 和叶绿素 b 是高等植物叶绿体内的重要光合色素,直接关系着作物的光合同化过程。叶绿素 a 是光合反应中心复合体的主要组成成分,可以实现能量的转化,有利于吸收长波光,对保证光合作用的顺利进行起到了关键作用。叶绿素 b 是捕光色素蛋白复合体的重要组成部分,主要作用是捕获和传递光能,有利于吸收短波光,叶绿素 b 可将吸收的光能全部传递给叶绿素 a,叶绿素 a 和叶绿素 b 含量的总和直接影响着植物的光合作用。

　　类胡萝卜素是植物细胞中一种重要的辅助色素,类胡萝卜素参与了植物光合机构中过剩光能的耗散,可以使植物免受光抑制的损伤。

　　叶绿素 a、叶绿素 b 及类胡萝卜素的测定,选距生长点第 2 片完全展开叶,用打孔器打取 $\Phi0.4$ cm 的叶圆片 0.1 g,用等体积乙醇、丙酮混合液 10 mL 浸泡,并用保鲜膜封口防止提取液挥发,浸泡至组织变白后,用 UV-1700 紫外/可见光分光光度计测定在 663 nm、645 nm、470 nm 处的吸光度值(OD_{663}、OD_{645}、OD_{470}),然后按公式计算叶绿素和类胡萝卜素含量。计算公式如下:

$$叶绿素 a 含量 = (12.7D_{663} - 2.69D_{645}) \times \frac{V}{1\,000 \times W} \tag{3-1}$$

$$叶绿素 b 含量 = (22.9D_{663} - 4.68D_{645}) \times \frac{V}{1\,000 \times W} \tag{3-2}$$

$$类胡萝卜素含量 = \frac{A \times V \times N \times 1\,000}{2\,500 \times W} \tag{3-3}$$

式中:D_{663}、D_{645} 分别为相应波长下的光密度值;A 为 470 nm 波长下的吸光值;V 为样品体积,mL;N 为稀释倍数;W 为样品质量,g;2 500 为在最大吸收光波长下 1% 类胡萝卜素的吸光系数的平均值。

一、间作甜瓜叶绿素和类胡萝卜素含量

由图 3-3 可知,各处理甜瓜叶绿素 a 含量在膨瓜期明显低于成熟期。单作处理中,膨瓜期 M 处理的叶绿素 a 含量最高,成熟期低水分 L 处理最高。间作处理中,两个生育期均是 L 处理>M 处理>H 处理。相同水分条件下间作高于单作。

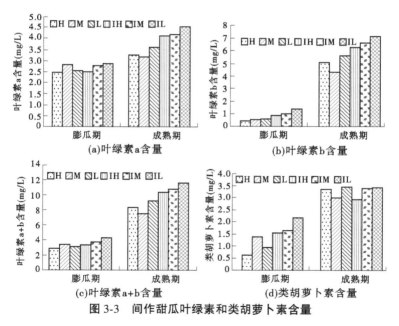

图 3-3　间作甜瓜叶绿素和类胡萝卜素含量

各处理叶绿素 b 含量表现为,各处理成熟期较膨瓜期大幅提高。单作甜瓜的叶绿素 b 含量在膨瓜期和成熟期均表现为低水分 L 处理偏高。间作甜瓜在膨瓜期和成熟期都均表现为 IL>IM>IH。

相同水分条件下间作甜瓜的叶绿素 b 含量比单作要高。说明,单作和间作甜瓜均表现为低水分处理叶绿素 b 含量较高。

各处理叶绿素 a+b 含量表现为,各处理成熟期的叶绿素 a+b 含量较膨瓜期高。单作甜瓜叶绿素 a+b 含量在膨瓜期 M 处理的最高,在成熟期反而比其他二个处理低。间作甜瓜低水分 IL 处理的叶绿素 a+b 含量始终最高,IH 处理的最低。相同水分条件下间作的叶绿素 a+b 含量高于单作。

各处理甜瓜类胡萝卜素含量表现为,成熟期较膨瓜期高。单作甜瓜膨瓜期的类胡萝卜素含量 M>L>H,成熟期 L>H>M。间作处理中,间作甜瓜低水分 IL 处理的类胡萝卜素含量最高,IH 处理的最低。相同水分条件下,膨瓜期间作的类胡萝卜素含量比单作高,成熟期两者差别不大。说明,间作低水分处理类胡萝卜素含量最高。

以上分析表明,甜瓜/棉花间作群体中,甜瓜长期处于光照劣势情况下,其叶绿素含量也随之发生相适应的变化,间作甜瓜的叶绿素 a 和叶绿素 b 含量均高于单作模式,间作和单作的叶绿素 a 和叶绿素 b 含量均表现为随土壤含水量的升高而降低。类胡萝卜素含量表现为间作高于单作,土壤水分越高,类胡萝卜素含量越低。

二、间作棉花叶绿素和类胡萝卜素含量

由图 3-4 可知,单作棉花蕾期的叶绿素 a 含量 H 处理>M 处理>L 处理,花铃期、盛铃期和吐絮期则是 M 处理>L 处理>H 处理。间作苗期和蕾期的叶绿素 a 含量 IH 处理>IM 处理>IL 处理,花铃期到吐絮期则是 IM 处理>IH 处理>IL 处理。相同的水分条件下,高水分下,间作 IH 处理的叶绿素 a 含量一直高于单作 H 处理,低水分下,间作 IL 处理的叶绿素 a 含量在花铃期高于单作,其他生育期均低于单作。说明,间作处理高水分处理下,棉花叶绿素 a 含量较高,有利于作物进行光合作用。

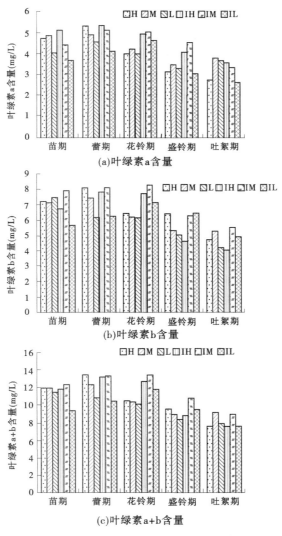

(a)叶绿素a含量

(b)叶绿素b含量

(c)叶绿素a+b含量

图3-4 间作棉花叶绿素和类胡萝卜素含量

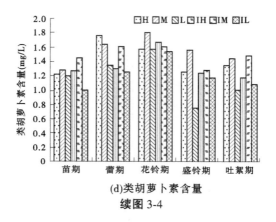

(d)类胡萝卜素含量

续图3-4

　　棉花叶绿素 b 含量在单作条件下,从蕾期开始至盛铃期均是 H 处理>M 处理>L 处理,吐絮期 M 处理高于其他两个处理。间作棉花的叶绿素 b 含量一直是 IM 处理的较高。说明,间作中水分处理有利于叶绿素 b 的形成。

　　各处理间作棉花叶绿素 a+b 含量表现为,单作棉花从苗期到盛铃期均表现为 H 处理>M 处理>L 处理,吐絮期 M 处理较其他两处理高。间作棉花在各个生育期均表现为中水分 IM 处理高于其他两处理。同等水分条件下,花铃期至吐絮期,间作均高于单作。说明,间作棉花中水分处理条件下叶绿素 a+b 含量最高。

　　各处理类胡萝卜素含量表现为,单作棉花中水分 M 处理除蕾期外,其他各生育期均高于其他两处理,H 处理次之,L 处理最低。间作棉花在各个生育期均表现为中水分 IM 处理高于其他两处理。说明,间作棉花中水分处理条件下类胡萝卜素含量最高。

　　以上分析说明,单作棉花的叶绿素含量和土壤水分含量呈正相关关系,水分含量越高,叶绿素 a、叶绿素 b 和叶绿素 a+b 含量也随之升高;间作棉花中 M 处理的绿素 a、叶绿素 b 和叶绿素 a+b 含量相对较高,相同水分条件下间作棉花的叶绿素 a、叶绿素 b、叶绿素 a+b 含量总体上高于单作。说明间作和适宜的土壤水分可以增加叶绿素含量,尤其在生长后期可以保持较高的叶绿素含量,对棉花获得较高的产量和品质都有重要意义。

第三节　甜瓜/棉花间作群体光合特性

作物通过光合作用来积累有机物是作物产量形成的主要机制,间作种植可通过不同作物的时空组合、搭配,形成有利于光能截获和利用的农田微环境,进而促进作物群体对光能的吸收利用。一般生育期较长的作物(例如玉米、棉花等)前期的发展比较缓慢,地表裸露时间长,这样会导致大量太阳辐射的浪费,而短生育期的作物虽然叶面积发展迅速,但其生育期短,收获后土地裸露时间长,也会造成光能资源的浪费。如果将这两种作物套作,整个群体的辐射截获率将大幅度提高。这种间作的受光结构的改变影响势必会进一步导致间作群体的光合特性发生改变。作物光合特性通常使用光合速率(Pn)、蒸腾速率(Tr)、气孔导度(Gs)、胞间 CO_2 浓度(Ci)等光合指标来反映。

一、间作甜瓜光合特性

表 3-2 所示,种植模式显著影响间作甜瓜的光合特性,膨瓜期和成熟期间作甜瓜的光合速率、气孔导度及胞间 CO_2 浓度明显低于单作甜瓜,蒸腾速率差异不显著。主要是由于甜瓜膨瓜期以后,棉花开始进入蕾期,生长逐渐旺盛,间作种植模式中棉花遮阴对甜瓜产生了一定的影响,使得间作甜瓜的光合特性低于单作甜瓜。从不同的水分处理可以看出,单作甜瓜的光合速率、蒸腾速率、胞间 CO_2 浓度随着水分的降低,各项值也略有降低,但差异不显著;气孔导度则随着水分的降低,略有升高,差异不显著。间作甜瓜的光合速率和蒸腾速率随着水分的降低有上升的趋势;不同梯度的

水分处理下间作甜瓜气孔导度变化较小,基本无差异;间作甜瓜胞间 CO_2 浓度随着水分的降低而减小。说明,种植模式对间作甜瓜光合特性存在一定的影响,单作甜瓜的光合速率、气孔导度和胞间 CO_2 浓度高于间作甜瓜。单作模式下,土壤水分含量越高,甜瓜光合速率也越高,间作模式下正好相反,土壤水分含量越高,甜瓜光合速率和气孔导度越低。

表 3-2　不同水分处理对甜瓜功能叶光合参数的影响

处理	光合速率 P_n [$\mu mol/(m^2 \cdot s)$]		蒸腾速率 T_r [$mmol/(m^2 \cdot s)$]		气孔导度 G_s [$mmol/(m^2 \cdot s)$]		胞间 CO_2 浓度（$\mu mol/mol$）	
	膨瓜期	成熟期	膨瓜期	成熟期	膨瓜期	成熟期	膨瓜期	成熟期
H	23.57	19.1	5.57	4.87	0.38	0.27	287.67	350.43
M	23.23	17.5	5.53	4.70	0.41	0.30	273.12	326.55
L	23.16	16.64	5.41	4.18	0.43	0.29	256.23	263.15
IH	17.65	12.26	5.34	4.62	0.28	0.25	254.15	326.84
IM	18.18	13.07	5.98	4.45	0.31	0.26	243.85	318.34
IL	20.22	15.94	6.01	4.15	0.35	0.24	235.34	285.44

二、间作棉花光合特性

图 3-5～图 3-8 给出了单作和间作棉花花铃期的光合速率、蒸腾速率、气孔导度及胞间 CO_2 浓度的日变化过程。从图 3-5 光合日变化可以看出,不同耕作方式下的净光合速率均呈单峰曲线且变化规律相似,早晨,太阳辐射强度弱、气温偏低、空气相对湿度高,光合速率小;随着太阳辐射强度的增加,气温逐渐升高,光合速率逐渐增强,11:00 时左右达到峰值,而后,随着光照强度减弱和气温的慢慢降低,光合速率逐渐减小。单作处理的净光合速率略大于间作,其中单作高水分 H 处理净光合速率一直处于较高水平,间作处理各水分处理中,间作中水分 IM 处理的净光合速率相

对其他间作处理高一些,间作低水分 IL 处理受水分胁迫影响净光合速率较低。可见,间作棉花净光合速率略小于单作棉花,并且间作低水分处理显著降低了净光合速率。

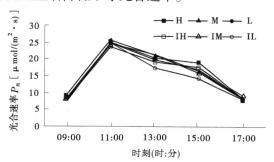

图 3-5　单作棉花与间作棉花叶片光合速率日变化过程

由图 3-6 棉花蒸腾速率日变化可以看出,不同处理的蒸腾速率日变化趋势与光合速率的日变化趋势基本一致,同样呈单峰曲线,峰值出现时间也一致,均为 11:00 左右。整个日变化过程中,单作处理蒸腾速率大于间作处理。单作棉花各处理蒸腾速率在 09:00 至 11:00 均为 H>M>L,13:00 至 17:00H 处理蒸腾速率迅速下降,M 处理在这段时间值较其他两处理偏大。间

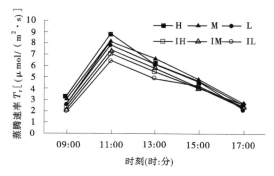

图 3-6　单作棉花与间作棉花叶片蒸腾速率日变化过程

作棉花各水分处理中,IM 处理蒸腾速率始终大于其他两个处理,IL 处理一直维持较低的水平。可见,间作棉花蒸腾速率小于单作棉花。单作高水分处理,在上午时段大于单作其他两处理,下午时段,中水分处理蒸腾速率较大。间作中水分处理蒸腾速率整个日变化过程中均大于间作其他两个处理。

由图 3-7 棉花叶片气孔导度日变化可以看出,不同处理的气孔导度日变化趋势亦成单峰型,峰值同样出现在 11:00 左右。整个日变化过程中,单作处理气孔导度基本大于间作处理。单作棉花的峰值最大是中水分 M 处理,11:00 以后高水分处理气孔导度大于单作其他两处理。间作棉花峰值同样是中水分 IM 处理最大,11:00 之后各处理间无明显差异。可见,间作棉花气孔导度小于单作处理,单作和间作棉花的峰值均是中水分处理最高。

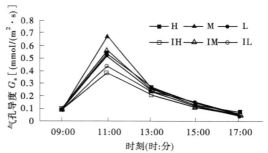

图 3-7　单作棉花与间作棉花叶片气孔导度日变化过程

由图 3-8 棉花各处理棉花的胞间 CO_2 浓度日变化可以看出,不同处理胞间 CO_2 浓度日变化呈直线下降趋势,早上 09:00 胞间 CO_2 浓度最高,之后逐渐下降。单作棉花胞间 CO_2 浓度大于间作棉花。单作棉花随着水分含量的降低逐渐减小,表现为 H 处理>M 处理>L 处理。间作棉花中水分 IM 处理棉花胞间 CO_2 浓度高于其他两个间作处理。可见,间作棉花胞间 CO_2 浓度日变化在各时间段小于单作处理,单作棉花各处理高水分表现最高,间作棉花各处理中水分表现最高。

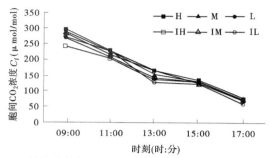

图 3-8 单作棉花与间作棉花叶片胞间 CO_2 浓度日变化过程

参 考 文 献

[1] 高莹. 小麦/玉米间作系统生产力于养分光热资源利用研究[D]. 杨凌: 西北农林科技大学,2015.

[2] 高阳,段爱旺,刘祖贵,等. 单作和间作对玉米和大豆群体辐射利用率及产量的影响[J]. 中国生态农业学报,2009,17(1):7-12.

[3] 高阳,申孝军,杨林林,等. 不同水氮处理对玉米–大豆间作群体内作物光能截获、竞争与利用的影响[J]. 生态学报, 2015,35(3):815-822.

[4] 王自奎,赵西宁,李正中,等. 作物间套作群体光能截获和利用机理研究进展[J]. 自然资源学报,2015,30(6):1057-1066.

[5] 吴娜,刘晓侠,刘吉利,等. 马铃薯/燕麦间作对马铃薯光合特性与产量的影响[J]. 草叶学报,2015,24(8):65-72.

[6] 李隆. 间套作强化农田生态系统服务功能的研究进展与应用展望[J]. 中国生态农业学报,2016,24(4):403-415.

[7] 焦念元,李亚辉,杨潇,等. 玉米/花生间作行比和施磷对玉米光合特性的影响[J]. 应用生态学报, 2016,27(9):2959-2967.

[8] 焦念元,杨萌珂,宁堂原,等. 玉米花生间作和磷肥对间作花生光合特性及产量的影响[J]. 植物生态学报,2013,37(11):1010-1017.

[9] 黄亚萍, 海江波, 罗宏博. 不同种植模式及追肥水平对春玉米光合特性和产量的影响[J]. 西北农业学报, 2015, 24(9): 43-50.

[10] 冯晓敏, 杨永, 任长忠, 等. 豆科−燕麦间作对作物光合特性及籽粒产量的影响[J]. 作物学报, 2015, 41(9): 1426-1434.

[11] 高阳, 段爱旺, 刘战东, 等. 玉米/大豆间作条件下的作物根系生长及水分吸收[J]. 应用生态学报, 2009, 20(2): 307-313.

[12] 李隆. 间套作强化农田生态系统服务功能的研究进展与应用展望[J]. 中国生态农业学报, 2016, 24(4): 403-415.

[13] 刘贤赵, 康绍忠, 邵明安, 等. 土壤水分与遮荫水平对棉花叶片光合特性的影响研究[J]. 应用生态学报, 2000, 11(3): 377-381.

[14] 李发永, 劳东青, 孙三民, 等. 滴灌对间作枣棉光合特性与水分利用的影响[J]. 农业机械学报, 2016(12): 119-129.

[15] 李发永, 王龙, 王兴鹏, 等. 适宜滴灌定额提高枣棉间作中棉花产量和土地生产效率[J]. 农业工程学报, 2014, 30(14): 105-114.

[16] 张春明, 赵雪英, 闫虎斌, 等. 覆膜方式和密度对旱地绿豆光合特性及产量的影响[J]. 作物杂志, 2018(3): 108-115.

[17] 吕丽华, 陶洪斌, 夏来坤, 等. 不同种植密度下的夏玉米冠层结构及光合特性[J]. 作物学报, 2008(3): 182-187.

[18] 殷文, 赵财, 于爱忠, 等. 秸秆还田后少耕对小麦/玉米间作系统中种间竞争和互补的影响[J]. 作物学报, 2015, 41(4): 633-641.

[19] 李彩虹, 吴伯志. 玉米间套作种植方式研究综述[J]. 玉米科学, 2005, 13(2): 85-89.

[20] Lamont B, Lamont H C. Utilizable water in leaves of 8 arid species as derived from pressure-volume curves and chlorophyll fluorescence [J]. Physiologia Plantarum, 2010, 110(1): 64-71.

[21] 高冠龙, 张小由, 常宗强, 等. 植物气孔导度的环境响应模拟及其尺度扩展[J]. 生态学报, 2016, 36(6): 1491-1500.

[22] Gao X, Zou C, Wang L, et al. Silicon decreases transpiration rate and conductance from stomata of maize plants[J]. Journal of Plant Nutrition, 2006, 29(9): 1637-1647.

[23] 王建林, 齐华, 房全孝, 等. 水稻、大豆、玉米光合速率的日变化及其对

光强响应的滞后效应[J]. 华北农学报, 2007, 22(2):119-124.

[24] Liisa Kulmala, Jukka Pumpanen, Pasi Kolari, et al. Inter-and intra-annual dynamics of photosynthesis differ between forest floor vegetation and tree canopy in a subarctic Scots pine stand [J]. Agricultural and Forest Meteorology, 2019, 25(6)271-283.

[25] 高冠龙, 张小由, 常宗强, 等. 植物气孔导度的环境响应模拟及其尺度扩展[J]. 生态学报, 2016,36(6):1491-1500.

[26] 吕越, 吴普特, 陈小莉, 等. 玉米/大豆间作系统的作物资源竞争[J]. 应用生态学报, 2014, 25:139-146.

[27] Altman M, Bergerot C, Aussoleil A, et al. Room temperature microspectr ofluorimetry as a useful tool for studying the assembly of the PSII chlorophyll-protein complexes in single living cells of etiolated Euglena gracilis Klebs during the greening process [J]. Journal of Experimental Botany, 2002, 53(375):1753-1763.

[28] 高英波, 陶洪斌, 黄收兵, 等. 密植和行距配置对夏玉米群体光分布及光合特性的影响[J]. 中国农业大学学报, 2015, 20(6):9-15.

[29] 张宪政. 植物叶绿素含量测定方法比较研究[J]. 沈阳农学院学报, 1985,16(4):81-84.

[30] 张志刚,尚庆茂. 低温、弱光及盐胁迫下辣椒叶片的光合特性[J]. 中国农业科学,2010,43(1):123-131.

[31] 杜奋澄,许杰纯,杨雨欣,等.辣椒果实类胡萝卜素的提取与测定方法研究[J]. 中国农学通报,2019,35(5):41-48.

第四章　西瓜/棉花间作作物 需水量及估算模型

　　从理论上说,作物需水量(Crop water requirement)是指生长在大面积上的无病虫害作物,土壤水分和肥力适宜时,在给定的生长环境中能取得高产潜力的条件下,为满足植株蒸腾和土壤蒸发及组成植株体所需的水量。但在实际中,由于组成植株体的水分只占总需水量中很微小的一部分(一般小于1%),而且这一小部分的影响因素较复杂,难于准确计算,故人们将此部分忽略不计,即认为作物需水量就是植物正常生长,达到高产条件下的植株蒸腾量与棵间蒸发量之和。

　　作物需水量的预测是灌溉预报的关键,为了较准确地预先确定灌水周期或估计非充分灌溉引起的减产率,必须预测未来一段时间内作物需水量及其变化过程。为了优化间作群体水分的高效管理,制定合理的灌溉指标,迫切需要研究间作条件下作物需水特性,构建间作作物需水模型,并制定科学合理的水分控制指标,这对于促进间作模式的快速发展和指导节水型集约持续农业具有积极的意义。

　　本章试验数据来自于:中国农业科学院河南新乡七里营镇综合试验基地,西瓜/棉花种植结构采用1:2种植模式,即每垄种植1行西瓜2行棉花。根据作物需水量定义,试验设计在充分供水条件下进行,设单作西瓜、单作棉花及瓜棉间作充分供水,充分供水以灌水下限为80%田持为参考。试验共3个处理,每处理重复3次。灌水方式采用膜下滴灌方式,滴灌带铺设在每垄西瓜行上,滴头流量为2.0 L/h。灌水量为30 mm,滴灌带布置在每垄中间位置。具体种植模式及水分处理详见第二章第一节。

第一节　西瓜/棉花间作作物系数及
间作作物需水量计算模型

一、单作西瓜、单作棉花作物系数

本研究采用 FAO-56 推荐的双作物系数法计算单作西瓜和单作棉花的作物系数。双作物系数法将作物蒸发蒸腾量分成两部分:作物蒸腾和土壤蒸发,用两个系数来表征:基础作物系数(K_{cb})及土壤蒸发系数(K_e)。根据作物需水量概念及 FAO 计算要求,计算时作物必须在水分充分条件下,所以本部分计算结果均在充分供水条件下得出。

(一)基础作物系数的确定

FAO-56 推荐标准条件(半湿润:$20\% \leqslant RH_{min} \leqslant 80\%$;风速适宜:$0.1 \text{ m/s} \leqslant u_2 \leqslant 10 \text{ m/s}$)下的基础作物系数建议值为 $K_{cb(T_{ab})}$。实际气候、生长情况与标准条件有差异,因此对 K_{cb} 进行气象、生长情况校正,公式如下:

$$K_{cb} = K_{cb(T_{ab})} + [0.04(u_2 - 2) - 0.004(RH_{min} - 45)] \left(\frac{h}{3}\right)^{0.3}$$

$$(4-1)$$

式中:K_{cb} 为基础作物系数;u_2 为 2 m 处平均风速,m/s;RH_{min} 为日最小相对湿度的均值(%);h 为 $20\% \leqslant RH_{min} \leqslant 80\%$ 条件下作物中后生育阶段的平均高度,m。

由式(4-1)计算得出单作西瓜和单作棉花的基础作物系数 K_{cb},如表 4-1 所示。

表 4-1　单作模式下西瓜、棉花的基础作物系数 K_{cb}

作物	生长初期	生长发育期	生长中期	生长后期
单作西瓜	0.19	0.84	1.06	0.68
单作棉花	0.15	0.92	1.13	0.64

（二）土壤蒸发系数 K_e 的确定

土壤蒸发系数 K_e 是表征 ET_c 中的土壤蒸发成分,它反映灌溉或降雨后因表土湿润致使蒸发强度短期内增强而对作物蒸腾蒸发产生的影响。一般来说,当地表由于降雨或灌溉较湿润时,K_e 值达到最大,则土壤蒸发速率最大;当地表干燥时,K_e 值很小甚至为零,土壤蒸发速率也小。土面蒸发系数 K_e 的计算公式如下:

$$K_e = \min\left[K_r(K_{cmax} - K_{cb}), f_{ew}K_{cmax} \right] \tag{4-2}$$

式中:K_e 为土壤蒸发系数;K_{cb} 为基础作物系数;K_{cmax} 为降雨后或灌溉后作物系数的最大值;K_r 为由累计蒸发水深决定的表层土壤蒸发衰减系数;f_{ew} 为发生棵间蒸发的土壤占全部土壤的比例。

降雨或灌溉后作物系数的最大值 K_{cmax} 由下式确定:

$$K_{cmax} = \max\begin{cases} 1.2 + [0.04(u_2 - 2) - 0.004(RH_{min} - 45)]\left(\dfrac{h}{3}\right)^{0.3} \\ K_{cb} + 0.05 \end{cases} \tag{4-3}$$

式中:h 为计算时段内最大株高的平均值,m;其他符号含义同上。

土壤蒸发衰减系数 K_r 按如下方法确定:土壤蒸发可以假定发生在两个阶段,第一阶段为能量限制阶段,该阶段由于受到表层土壤水力特性的限制,水分不能以一定的速率向表层传输来满足蒸发的需求,因此该阶段 $K_r = 1$;第二阶段为蒸发递减阶段,这一阶段累计蒸发深度 D_e 超过易蒸发水量 REW 时,土壤表面明显变干,土壤蒸发随土壤含水量的减小而减少,该阶段 K_r 的计算公式为:

$$K_r = \frac{TEW - D_{e,i-1}}{TEW - REW} \tag{4-4}$$

式中：$D_{e,i-1}$ 为第 $i-1$ 天末表层土壤的累计蒸发深度，mm；TEW 为总蒸发水量。

$$TEW = 1\ 000(\theta_{FC} - \theta_{WP})Z_e \tag{4-5}$$

其中，θ_{FC} 为土壤田间持水量，m^3/m^3；θ_{WP} 为土壤凋萎含水量，m^3/m^3；Z_e 为表层土壤的蒸发深度，m。

f_{ew} 计算公式如下：

$$f_{ew} = \min(1 - f_c, f_w) \tag{4-6}$$

式中：$1-f_c$ 为未被植被覆盖的土壤表面比例；f_w 为降雨后或灌溉后地表充分湿润面积比。本试验是在滴灌灌水方式下进行的，滴灌灌水方式下 f_w 取值为 0.3~0.4。f_c 为作物覆盖度，由下式估算：

$$f_c = \left(\frac{K_{cb} - K_{cmin}}{K_{cmax} - K_{cmin}}\right)^{(1+0.5h)} \tag{4-7}$$

式中：K_{cb} 为该生育阶段的基础作物系数值；K_{cmin} 为没有覆盖的干燥裸地上的最小作物系数（为 0.15~0.20）；K_{cmax} 为湿润后作物系数的最大值，由式(4-3)计算得出；h 为作物的平均生长高度，m。

根据式(4-1)~式(4-7)，通过 C 语言程序反复迭代计算，得出单作西瓜和单作棉花修正后的土壤蒸发系数 K_e，见表4-2。

表4-2　修正后单作西瓜、单作棉花的土壤蒸发系数 K_e

作物	生长初期	快速生长期	生长中期	生长后期
单作西瓜	0.24	0.08	0.25	0.049
单作棉花	0.26	0.16	0.21	0.057

二、FAO 推荐公式估算西瓜/棉花间作作物系数

间作种植模式下作物处于非标准状况，不能简单的将两种作物在单作模式下各自的作物系数相加，FAO 指出在复叠间作条件下，间作作物系数采用每种作物覆盖的地表表面积比乘以每种作物的高度作为权重的 K_c 加权平均而求得，FAO-56 推荐的间作模

式下 2 种作物的作物系数公式为：

$$K_{cfield} = \frac{f_1 h_1 K_{c1} + f_2 h_2 K_{c2}}{f_1 h_1 + f_2 h_2}$$ （4-8）

式中：f_1、f_2 为间作模式下 2 种作物覆盖地表面积比例；h_1、h_2 分别为 2 种作物的株高；K_{c1}、K_{c2} 分别为 2 种作物的作物系数。

根据 FAO 要求，计算时作物必须在充分供水条件下进行。

西瓜/棉花间作在播种收获时间、生育期长度方面有一定的差异，间作作物系数修正时应对群体的生育期进行划分，阶段 1 为间作共生前期，即西瓜生长初期与棉花生长初期的共生阶段（4 月 7 日至 5 月 9 日左右），阶段 2 为间作共生发育期，即西瓜快速发育期与棉花生长初期的共生阶段（5 月 10 日至 5 月 28 日左右），阶段 3 为间作共生中期，即西瓜的生长中期与棉花初期（5 月 29 日至 6 月 11 日左右），阶段 4 为间作后期，即西瓜的生长后期与棉花生长发育期的共生阶段（6 月 12 日至 7 月 2 日左右），阶段 5 和阶段 6 分别为西瓜收获后棉花独立生长中期（7 月 3 日至 8 月 21 日左右）和独立生长后期（8 月 22 日至 10 月 10 日左右）。修正后的瓜棉间作综合作物系数如表 4-3 所示。

表 4-3　FAO 推荐公式计算西瓜/棉花间作综合作物系数 K_{cfield}

项目	间作共生前期	间作共生发育期	间作共生中期	间作后期	非共生期	
阶段	阶段 1	阶段 2	阶段 3	阶段 4	阶段 5	阶段 6
时期	西瓜初期	西瓜快速	西瓜中期	西瓜后期	——	——
	棉花初期	棉花初期	棉花初期	棉花快速	棉花中期	棉花后期
综合作物系数	0.502	0.901	1.205	0.986	1.340	0.697

由表 4-3 可知，间作共生前期为西瓜和棉花的苗期，此时植株体较小，植株生长缓慢，田间裸露地面积较大，FAO 修正 K_{cfield} 值

为 0.502；随着 LAI 的迅速增大，K_{cfield} 不断增加，间作共生发育期为西瓜快速生长期（西瓜开花结果期）和棉花苗期，K_{cfield} 值为 0.901；到间作共生中期，即西瓜果实膨大期和棉花苗期，K_{cfield} 增大到 1.205。随着西瓜进入生长后期，西瓜叶片开始凋谢，此时棉花开始进入蕾期，间作后期 K_{cfield} 值为 0.986。非共生期为棉花的独立生长中期和独立生长后期，K_{cfield} 值分别为 1.340 和 0.697。值得注意的是，棉花独立生长阶段，式(4-8)中，$h_{西} = 0$，$K_{cfield} = K_{c棉}$。认为此阶段按照常规单作模式考虑。

三、实测西瓜/棉花间作作物系数

采用各阶段的参考作物蒸发蒸腾量(ET_0)和实测瓜棉间作群体作物蒸发蒸腾量(ET_c)来计算间作模式下的作物系数($K_{c实测}$)。计算公式为：

$$K_{ci} = \frac{ET_{ci}}{ET_{0i}} \tag{4-9}$$

式中：K_{ci} 为第 i 阶段的作物系数；ET_{ci} 为第 i 阶段的实际作物蒸发蒸腾量；ET_{0i} 为第 i 阶段的参照作物蒸发蒸腾量。

其中 ET_{ci} 采用水量平衡法计算，计算公式为：

$$ET_{ci} = I_i + P_i + \Delta W_i \tag{4-10}$$

式中：ET_{ci} 为阶段耗水量，mm；I_i 为时段内净灌水总量，mm；P_i 为时段内有效降雨量，mm；ΔW_i 为第 i 时段内根区土壤储水变化量，mm。

根据实测土壤含水量资料计算间作群体实际需水量，结合参考作物蒸发蒸腾量，计算瓜棉间作实际作物系数 $K_{c实测}$，以 2014 年为例。根据田间气象站数据对全生育期各阶段作物的 ET_0、ET_c 及 K_c 进行计算，结果见表 4-4。

表 4-4　西瓜/棉花间作实测作物系数 $K_{c实测}$

项目	间作共生前期	间作共生发育期	间作共生中期	间作后期	非共生期	
阶段	阶段 1	阶段 2	阶段 3	阶段 4	阶段 5	阶段 6
时期	西瓜初期	西瓜快速	西瓜中期	西瓜后期	—	—
	棉花初期	棉花初期	棉花初期	棉花快速	棉花中期	棉花后期
ET_c（mm）	56.18	81.26	61.49	70.64	247.69	168.90
ET_0（mm）	120.89	103.56	59.53	85.03	193.03	199.43
$K_{c实测}$	0.465	0.785	1.033	0.831	1.283	0.847

四、西瓜/棉花间作作物系数修正模型

对比分析 FAO 推荐公式计算的间作作物系数 K_{cfield} 与实测作物系数 $K_{c实测}$，结果见表 4-5。可知，FAO 计算值与实测值基本接近，除棉花后期 K_{cfield} 小于 $K_{c实测}$，其他阶段 K_{cfield} 均大于 $K_{c实测}$，各阶段的平均相对误差均较小，基本小于 19%。表明，采用 FAO 推荐公式修正后的间作作物系数与实际的间作作物系数比较一致。

表 4-5　FAO 推荐公式计算间作作物系数 K_{cfield} 与实测作物系数 $K_{c实测}$ 对比分析

项目	间作共生前期	间作共生发育期	间作共生中期	间作后期	非共生期	
阶段	阶段 1	阶段 2	阶段 3	阶段 4	阶段 5	阶段 6
时期	西瓜初期	西瓜快速	西瓜中期	西瓜后期	棉花中期	棉花后期
	棉花初期	棉花初期	棉花初期	棉花快速		
K_{cfield}	0.502	0.901	1.205	0.986	1.340	0.697
$K_{c实测}$	0.465	0.785	1.033	0.831	1.283	0.847
平均相对误差（%）	8.0	14.8	16.7	18.7	4.5	17.7

将 K_{cfield} 与 $K_{\text{c实测}}$ 进行拟合,可知,两者呈线性相关关系,$K_{\text{c实测}}=0.810\,6K_{\text{cfield}}+0.113\,3,R^2=0.86$。因此,瓜棉间作作物系数模型可修正为:

$$K_{\text{c间}} = 0.810\,6\frac{f_1h_1K_{c1}+f_2h_2K_{c2}}{f_1h_1+f_2h_2} + 0.113\,3 \qquad (4\text{-}11)$$

式中:f_1、f_2 为间作模式下 2 种作物覆盖地表面积比例;h_1、h_2 分别为 2 种作物的株高;K_{c1}、K_{c2} 分别为 2 种作物各自单作时的作物系数。

五、西瓜/棉花间作作物需水量计算模型

明确了间作模式下的间作作物系数,通过气象资料计算各阶段参考作物蒸发蒸腾量(ET_0),然后利用间作作物系数($K_{\text{c间}}$)进行修正,即可得到间作模式下的作物需水量。结合以上研究结果,西瓜/棉花间作作物需水量计算模型可表示为:

$$ET_{\text{c}} = (0.810\,6\frac{f_1h_1K_{c1}+f_2h_2K_{c2}}{f_1h_1+f_2h_2} + 0.113\,3)ET_0 \qquad (4\text{-}12)$$

式中:ET_{c} 为西瓜/棉花间作作物需水量,mm/d;f_1、f_2 为间作模式下西瓜、棉花覆盖地表面积比例;h_1、h_2 分别为西瓜、棉花的株高,mm;K_{c1}、K_{c2} 分别为单作西瓜作物系数、单作棉花作物系数;ET_0 为参考作物蒸发蒸腾量,采用 Penman-Monteith 公式计算。

第二节　西瓜/棉花间作土壤蒸发模型及作物蒸腾模型

一、西瓜/棉花间作土壤蒸发规律及蒸发模型

(一)西瓜/棉花间作土壤蒸发规律

将瓜棉间作整个生育期划分为间作共生前期(西瓜播种到膨

大期、棉花苗期)、间作共生中后期(西瓜成熟期、棉花蕾期)、间作后期(非共生期,即棉花花铃期到吐絮期)三个阶段。瓜棉间作不同种植方式下棵间逐日土壤蒸发变化过程如图 4-1(a)(2013 年)和图 4-1(b)(2014 年)所示(缺测数据为降雨和灌水日的蒸发值)。西瓜苗期有小拱棚覆盖,一般在 4 月下旬揭开小拱棚,土壤棵间蒸发从 4 月下旬开始监测。由图 4-1 可知,间作共生前期单作棉花日土壤蒸发量较大,其次为单作西瓜,瓜棉间作日土壤蒸发量最小,这是由于该阶段西瓜进入伸蔓期,植株及叶片开始快速生

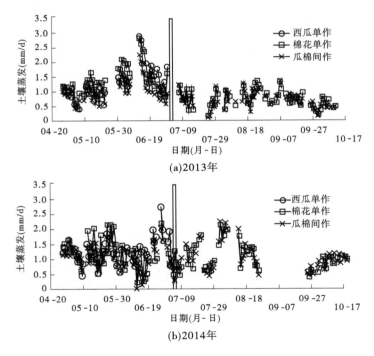

图 4-1　西瓜/棉花间作群体及相应单作群体逐日土壤蒸发

长,叶面积指数较大,对地面的覆盖度加大,而棉花苗期植株生长缓慢,叶面积指数较小,对地面的覆盖度小,地面裸露面积较大,因而,单作棉花日蒸发量最大,其次为单作西瓜,而瓜棉间作群体叶面积指数最大,间作冠层叠加,地面覆盖度加大,因而棵间蒸发最小。间作共生后期,西瓜由营养生长逐渐转向生殖生长,植株开始衰老,叶片开始脱落,西瓜叶面积指数逐渐减小,而此时棉花进入蕾期,植株生长旺盛,故该阶段单作西瓜日蒸发量较大,其次为单作棉花,瓜棉间作仍然最小。随着西瓜收获,间作进入非共生期,此阶段单作棉花和瓜棉间作日蒸发量接近。综上所述,瓜棉间作群体和单作群体棵间土壤蒸发规律可分为三个不同阶段,一是间作共生前期,$E_{棉单} > E_{西单} > E_{间作}$;二是间作共生后期,$E_{西单} > E_{棉单} > E_{间作}$;三是间作后期(非共生期),$E_{棉单}$与$E_{间作}$较接近。

(二)估算棵间土壤蒸发数学模型

棵间土壤蒸发主要受气象因素、作物自身因素及土壤因素等影响,其中气象因素包括大气辐射、气温、空气湿度和风速等,气象因素对棵间土壤蒸发的影响较为复杂,一般采用参考作物需水量ET_0来综合表征气象条件。作物自身因素主要指作物群体的大小,可用叶面积指数(LAI)来描述。土壤因素主要包括土壤质地、结构和表层土壤含水率等,对于质地和结构相同的土壤而言,影响棵间土壤蒸发的土壤因素主要为表层土壤含水率,两者关系比较复杂。研究认为,土壤蒸发占蒸发蒸腾的比例与LAI呈指数函数形式、与表层土壤含水率呈线性关系。因此,结合间作与单作不同种植模式,构建影响因子ET_0、叶面积指数LAI及土壤表层含水率θ为主要影响因子的棵间土壤蒸发模型,其形式为:

$$E = ET_0 \cdot e^{-aLAI}(b \cdot \theta + c) \qquad (4-13)$$

式中:E为棵间土壤蒸发量,mm/d;ET_0为参考作物蒸发蒸腾量,mm/d;LAI为叶面积指数,m^2/m^2,其中,间作共生期群体LAI为西瓜和棉花LAI的叠加;θ为表层(0~20 cm)土壤含水量cm^3/cm^3;

a、b、c 分别为待定系数。对式(4-13)两边取对数线性化后,分别对间作和单作种植模式的数据进行多元回归得到各系数值,经方差分析,相关系数分别为 $R^2_{间作}=0.785$,$R^2_{西单}=0.791$,$R^2_{棉单}=0.763$($a=0.05$),故瓜棉间作与各自单作的棵间土壤蒸发估算模型分别表示为:

$$E_{间作} = ET_0 \cdot e^{-0.085LAI}(0.982\theta + 0.022) \qquad (4\text{-}14)$$

$$E_{西单} = ET_0 \cdot e^{-0.598LAI}(1.835\theta + 0.204) \qquad (4\text{-}15)$$

$$E_{棉单} = ET_0 \cdot e^{-0.127LAI}(0.449\theta + 0.206) \qquad (4\text{-}16)$$

(三)棵间土壤蒸发模型适用性的验证

为了进一步验证土壤棵间蒸发模型的适用性,采用 2015 年间作共生期(4 月 26 日至 7 月 1 日)的实测资料来检验模型,从图 4-2 可以看出,单作和间作的模拟值与实测值的变化趋势大致相同。其中,单作棉花棵间土壤蒸发模拟值与实测值平均相对误差为 0.23,单作西瓜相对误差为 0.16,间作相对误差为 0.19。说明,所建模型能够较真实地模拟出瓜棉间作和各自单作的棵间土壤蒸发值,模型较为合理。

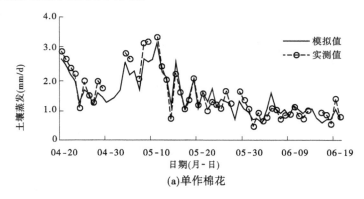

(a)单作棉花

图 4-2　不同种植模式下棵间土壤蒸发模拟值与实测值对比

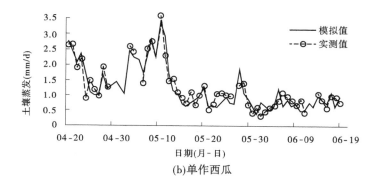

(b)单作西瓜

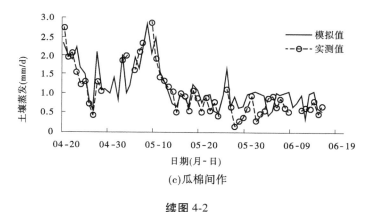

(c)瓜棉间作

续图4-2

二、西瓜/棉花间作蒸腾规律及蒸腾模型

作物需水量(ET)由棵间蒸发量(E)和植株蒸腾量(T)两部分组成。一般可表示为：

$$ET = E + T \qquad (4-17)$$

则,作物蒸腾可表示为：

$$T = ET - E \qquad (4-18)$$

式中:T 为作物蒸腾量,mm/d;ET 为采用水量平衡法求得的作物需水量,mm/d;E 为实测棵间土壤蒸发量,mm/d。

(一)单作种植下蒸发蒸腾量、蒸发量、蒸腾量的变化过程

表 4-6 给出了 2014 年试验期内单作西瓜和单作棉花生育期内蒸发蒸腾量(ET)、蒸发量(E)、蒸腾量(T)的变化过程及蒸发和蒸腾各自占蒸发蒸腾的比例,单作西瓜日蒸发蒸腾量表现为前期小、中期大、后期小的规律。日蒸发量表现为前期大,之后逐渐减小,直至生长中期表现为最小,生长后期又增大的趋势。日蒸腾量在生长初期较小,随着生育日程的推进,逐渐增大,至生长中期增加到最大,生育后期又逐渐减小的趋势。蒸发量在生长初期占蒸发蒸腾量的比重最大,E/ET 为 72.72%,其次为快速生长期及生长后期,生长中期 E/ET 比例最小,仅为 19.34%。腾发量在生长中期占的比重最大,T/ET 为 80.66%,生长初期比重最小,仅为27.28%。

单作棉花日蒸发蒸腾量表现为前期小、中期大、后期小的规律。日蒸发量表现为前期最大,快速生长期减小,生长中期又逐渐增大,生长后期又减小的趋势,日腾发量表现为前期小,中期最大,后期又逐渐减小的趋势。蒸发量在生长初期占蒸发蒸腾量的比重最大,E/ET 为 60.52%,生长中期比重最小,仅为 24.52%。腾发量在生长中期占的比重最大,T/ET 为 75.48%,生长初期比重最小,仅为 39.48%。

(二)瓜棉间作模式下蒸发蒸腾量、蒸发量、蒸腾量的变化过程

表 4-7 给出了瓜棉间作全生育期内群体蒸发蒸腾量(ET)、蒸发量(E)、蒸腾量(T)的变化过程及蒸发和蒸腾占蒸发蒸腾的比例,瓜棉间作全生育期可划分为 6 个阶段,日蒸发蒸腾量在全生育期出现两个峰值,分别为间作共生中期表现最大,为 5.12 mm/d,其次为非共生期的棉花生长中期,ET 为 4.86 mm/d。间作共生前期,两种作物均处于苗期,日蒸发蒸腾量最小,E 仅为 1.61 mm/d。

表4-6　单作种植模式下西瓜、棉花生育期内 ET、E、T 的变化过程(2014年)

作物	项目	生长初期	快速生长期	生长中期	生长后期
单作西瓜	天数	35	21	12	21
	ET(mm)	59.20	59.43	59.57	78.18
	ET(mm/d)	1.69	2.83	4.96	3.72
	E(mm)	43.05	24.57	11.52	30.87
	E(mm/d)	1.23	1.17	0.96	1.47
	T(mm)	16.15	34.86	48.05	47.31
	T(mm/d)	0.46	1.66	4.00	2.25
	E/ET(%)	72.72	41.34	19.34	39.49
	T/ET(%)	27.28	58.66	80.66	60.51
单作棉花	天数	68	21	51	65
	ET(mm)	159.54	65.40	251.63	162.65
	ET(mm/d)	2.35	3.11	4.93	2.54
	E(mm)	96.56	19.53	61.71	55.90
	E(mm/d)	1.42	0.93	1.21	0.86
	T(mm)	62.98	45.87	189.92	106.75
	T(mm/d)	0.93	2.18	3.72	1.64
	E/ET(%)	60.52	29.86	24.52	34.37
	T/ET(%)	39.48	70.14	75.48	65.63

间作模式下的日蒸发量在间作共生前期和共生发育期表现较大,在非共生期棉花后期表现最小。间作模式下的蒸腾量在各阶段出现两个峰值,第一个峰值出现在间作共生中期,T 为 4.18 mm/d,此阶段西瓜处于果实膨大期,对水分的需求较高,棉花叶面积也逐渐增大,因此该阶段蒸腾量较大,第二个峰值出现在非共生期棉花

独立生长中期,此阶段棉花处于花铃期,植株生长旺盛,是棉花生长的需水关键期,蒸发蒸腾量亦较大,为 3.67 mm/d。蒸发量在间作共生前期占蒸发蒸腾比重最大,为 72.27%,在间作共生中期所占比重最小。蒸腾量在间作共生中期所占比重最大,在间作共生前期所占比重最小。全生育期蒸发占 31.41%,蒸腾占 68.59%。

表 4-7 西瓜/棉花棉间作模式下群体 ET、E、T 的变化过程(2014 年)

阶段	间作共生前期	间作共生发育期	间作共生中期	间作后期	非共生期		全生育期
	阶段 1	阶段 2	阶段 3	阶段 4	阶段 5	阶段 6	
时期	西瓜初期	西瓜快速	西瓜中期	西瓜后期	—	—	
	棉花初期	棉花初期	棉花初期	棉花快速	棉花中期	棉花后期	
天数	35	21	12	21	51	64	204
ET (mm)	56.18	81.26	61.49	70.64	247.69	168.90	686.16
ET (mm/d)	1.61	3.87	5.12	3.36	4.86	2.60	3.36
E (mm)	40.60	26.46	11.28	19.95	60.69	56.55	215.53
E (mm/d)	1.16	1.26	0.94	0.95	1.19	0.88	1.06
T (mm)	15.58	54.80	50.21	50.69	187.00	112.35	470.63
T (mm/d)	0.45	2.61	4.18	2.41	3.67	1.76	2.31
E/ET (%)	72.27	32.56	18.34	28.24	24.50	33.48	31.41
T/ET (%)	27.73	67.44	81.66	71.76	75.50	66.52	68.59

（三）间作模式下西瓜蒸腾、棉花蒸腾分摊模型

间作模式下的作物蒸发蒸腾量由棵间土壤蒸发和间作群体蒸腾两部分组成，而间作群体蒸腾包括西瓜蒸腾和棉花蒸腾两部分。如何明确间作蒸腾中西瓜蒸腾、棉花蒸腾的分配比例，是本部分研究的重点。

FAO 中提出间作作物系数采用每种作物覆盖地表表面积比乘以每种作物的高度作为权重进行加权平均求得。假定间作群体蒸腾也是按照每种作物覆盖地表表面积比乘以每种作物的高度作为权重进行加权平均而得，计算公式如下：

$$T_{间计算} = \frac{f_1 h_1 T_1 + f_2 h_2 T_2}{f_1 h_1 + f_2 h_2} \qquad (4\text{-}19)$$

式中：$T_间$ 为间作群体蒸腾，mm/d；T_1 为单作西瓜蒸腾，mm/d；T_2 为单作棉花蒸腾，mm/d；f_1、f_2 为间作模式下西瓜、棉花覆盖地表面积比例；h_1、h_2 分别为西瓜、棉花的株高，mm。

将式（4-19）计算求得的间作群体蒸腾量（$T_{间计算}$）与式（4-18）求得的间作蒸腾（$T_{间实测}$）进行对比分析，结果见表 4-8。可知，$T_{间计算}$ 与 $T_{间实测}$ 值在各阶段变化规律基本一致，蒸腾量在各阶段出现两个峰值，第一个峰值出现在间作共生中期，第二个峰值出现在非共生期棉花独立生长中期。各阶段平均相对误差最大出现在间作共生前期，平均相对误差为 17.78%，误差最小出现在间作共生中期，为 4.55%。

由以上分析可知，间作蒸腾计算值与实测值非常接近，因此建立由单作西瓜蒸腾、单作棉花蒸腾、西瓜和棉花覆盖地表面积比例及西瓜和棉花的株高为主要影响因子的间作群体蒸腾模型，其形式如下：

$$T_间 = a\frac{f_1 h_1 T_1 + f_2 h_2 T_2}{f_1 h_1 + f_2 h_2} \qquad (4\text{-}20)$$

表 4-8　间作蒸腾计算值 $T_{间计算}$ 与实测值 $T_{间实测}$ 对比分析

项目	间作共生前期	间作共生发育期	间作共生中期	间作后期	非共生期	
阶段	阶段 1	阶段 2	阶段 3	阶段 4	阶段 5	阶段 6
时期	西瓜初期	西瓜快速	西瓜中期	西瓜后期	—	—
	棉花初期	棉花初期	棉花初期	棉花快速	棉花中期	棉花后期
天数	35	21	12	21	51	64
$T_{间计算}$ (mm/d)	0.53	2.26	4.37	2.83	3.98	2.01
$T_{间实测}$ (mm/d)	0.45	2.61	4.18	2.41	3.67	1.73
平均相对误差(%)	17.78	13.41	4.55	17.43	8.45	16.18

将 $T_{间计算}$ 与 $T_{间实测}$ 进行拟合,两者呈线性相关关系,$a = 0.939\ 9$,故 $T_{间实测} = 0.939\ 9 T_{间计算}$,$R^2 = 0.963$。因此,瓜棉间作蒸腾模型可修正为:

$$T_{间} = \frac{0.939\ 9 f_1 h_1}{f_1 h_1 + f_2 h_2} T_1 + \frac{0.939\ 9 f_2 h_2}{f_1 h_1 + f_2 h_2} T_2 \qquad (4\text{-}21)$$

式(4-21)表明,间作蒸腾由两部分组成,一是间作模式中西瓜蒸腾,二是间作模式中棉花蒸腾。因此,间作共生期西瓜蒸腾、棉花蒸腾可用以下模型来描述:

$$T_{间1} = \frac{0.939\ 9 f_1 h_1}{f_1 h_1 + f_2 h_2} T_1 \qquad (4\text{-}22)$$

$$T_{间2} = \frac{0.939\ 9 f_2 h_2}{f_1 h_1 + f_2 h_2} T_2 \qquad (4\text{-}23)$$

式中:西瓜蒸腾分摊系数 $a = \dfrac{0.939\,9f_1h_1}{f_1h_1 + f_2h_2}$,棉花蒸腾分摊系数 $b = \dfrac{0.939\,9f_2h_2}{f_1h_1 + f_2h_2}$ 。

　　采用式(4-22)、式(4-23)分别计算西瓜/棉花间作模式中各阶段西瓜蒸腾及棉花蒸腾量,结果见表4-9。表4-9可知,间作共生前期、发育期、共生中期西瓜蒸腾占比重较大,分别为62.22%、77.78%、76.32%,同时,棉花蒸腾占比重偏小。间作后期棉花蒸腾占比重偏大,为73.68%,此时西瓜蒸腾仅占群体蒸腾的26.14%。分析可知,西瓜/棉花间作共生期内,西瓜蒸腾占间作群体蒸腾的60.61%,棉花蒸腾占间作群体蒸腾的39.39%。

表4-9　间作群体蒸腾($T_间$)、间作西瓜蒸腾($T_{间1}$)及间作棉花蒸腾($T_{间2}$)

项目	间作共生前期	间作共生发育期	间作共生中期	间作共生后期	非共生期	
阶段	阶段1	阶段2	阶段3	阶段4	阶段5	阶段6
时期	西瓜初期	西瓜快速	西瓜中期	西瓜后期	—	—
	棉花初期	棉花初期	棉花初期	棉花快速	棉花中期	棉花后期
天数	35	21	12	21	51	64
$T_间$(mm/d)	0.45	2.61	4.18	2.41	3.67	1.73
$T_{间1}$(mm/d)	0.28	2.03	3.19	0.63		
$T_{间2}$(mm/d)	0.17	0.58	0.99	1.78	3.67	1.73
$T_{间1}/T_间$(%)	62.22	77.78	76.32	26.14		
$T_{间2}/T_间$(%)	37.78	22.22	23.68	73.86		

参 考 文 献

[1] 王仰仁,杨丽霞. 作物组合种植的需水量研究[J]. 灌溉排水学报,2000, 19(4)：64-67.

[2] 樊引琴,蔡焕杰. 单作物系数法和双作物系数法计算作物需水量的比较 研究[J]. 水利学报,2002(3)：50-53.

[3] 刘浩,段爱旺,高阳. 间作种植模式下冬小麦棵间蒸发变化规律及估算 模型研究[J]. 农业工程学报,2006,22(12)：34-38.

[4] 王自奎,吴普特,赵西宁,等. 小麦/玉米套作田棵间土壤蒸发的数学模 拟[J] 农业工程学报,2013,29(21)：72-81.

[5] Ali M H, Talukder M S U. Increasing water productivity in crop produc-tion—A synthesis [J]. Agricultural Water Management An International Journal, 2008, 95(11):1201-1213.

[6] Bedoussac L, Justes E. Dynamic analysis of competition and complementarity for light and N use to understand the yield and the protein content of a durum wheat-winter pea intercrop[J]. Plant and Soil, 2010, 330: 37-54.

[7] 王自奎,吴普特,赵西宁,等. 小麦/玉米套作田棵间土壤蒸发的数学模 拟[J]. 农业工程学报,2013,29(21)：72-81.

[8] 戴佳信,史海滨,田德龙,等.河套灌区套种粮油作物耗水规律的试验研 究[J].灌溉排水学报,2011,30(1):49-53.

[9] 樊引琴,蔡焕杰.单作物系数法和双作物系数法计算作物需水量的比较 研究[J].水利学报,2002(3):50-54.

[10] 张振华,蔡焕杰.沙漠绿洲灌区膜下滴灌作物需水量及作物系数研究 [J].农业工程学报,2004,20(5):97-100.

[11] 高阳.冬小麦—春玉米间作条件下作物需水规律研究[D].北京:中国 农业科学院,2005.

[12] 闫浩芳,史海滨,薛铸.参考作物需水量的不同计算方法对比[J].农业 工程学报.2008,18(4):55-59.

[13] 刘钰,Pereira L S.对 FAO 推荐的作物系数计算方法的验证[J].农业工

程学报,2000,16(5):26-30.

[14] 樊引勤.作物蒸发蒸腾量的测定与作物蒸发蒸腾量计算方法的研究 [D].杨凌:西北农林科技大学,2001:28-34.

[15] 陈玉民,郭国双,王广兴,等.中国主要作物需水量与灌溉[M].北京:水 利电力出版,1995.

[16] 陈亚新,康绍忠.非充分灌溉原理[M].北京:中国水利电力出版社, 1996.

[17] 蔡甲冰,蔡林根,刘钰,等.非标准状况下作物系数的计算方法[J].中国 农村水利水电,2002(2):32-35.

[18] 毛树春,韩迎春,宋美珍,等.套作棉花共生期需水规律研究[J].棉花学 报,2003,15(3):155-158.

[19] 裴冬,张喜英,李坤.华北平原作物棵间蒸发占蒸散比例及减少棵间蒸 发的措施[J].中国农业气象,2000(4):33-36.

[20] 武志杰,王仕新,张玉华.玉米和小麦间作农田水分动态变化的研究 [J].玉米科学,2001,9(2):61-63.

[21] Tsubo M, Walker S. A model of radiation interception and use by a maize-bean intercrop canopy[J]. Agricultural and Forest Meteorology, 2002,110: 203-215.

[22] Tsubo M, Walker S, Mukhala E. Comparisons of radiation use efficiency of mono/intercropping systems with different row orientationsv [J]. Field Crops Res, 2001,71: 17-29.

[23] Tyagi N K, Sharama D K, Luthra S K. Determination of evapotran-spiration and crop coefficients of rice and sunflower with lysimeter[J]. Agric. Water Manage,2000,45:41-54 .

第五章　西瓜/棉花间作种间竞争机制

　　竞争是植物形态、生活历史、植物群落结构与动态形成的主要原动力。间作中作物种间相互作用主要有两方面:一种是种间促进作用,另一种是种间竞争作用。依据生物学的基本原理,当两种作物生长在一起时,种间竞争作用和促进作用总是同时存在的,当竞争作用大于促进作用时,表现为间作劣势,当竞争作用小于促进作用时,表现为间作优势。大量研究表明,根系生长和增殖较快的作物竞争能力更强,瓜棉间作系统中,采用科学合理的水分调控技术(共生期西瓜膨大期水分下限为70%田持),间作西瓜产量和棉花产量分别高于各自单作下产量,表明这个系统是相互促进的体系,本部分主要研究间作模式下西瓜和棉花的根系生长发育和形态状况,揭示西瓜棉花间作模式下水分竞争与利用机制。

　　本章试验数据来自于:中国农业科学院河南新乡七里营镇综合试验基地,西瓜/棉花种植结构采用1:2种植模式,即每垄种植1行西瓜、2行棉花。试验设计以水分处理为主,根据西瓜各生育阶段不同的需水特性,分别在西瓜的开花坐果期、果实膨大期、果实成熟期设轻度水分亏缺(70%田持)、中度水分亏缺(60%田持)处理(考虑西瓜耗水量比较大且对水分需求较为敏感,因此在确定水分亏缺时尽量避免使其重度亏缺),西瓜收获后非共生期不作水分处理。设共生期充分供水为对照处理,同时,另设单作西瓜、单作棉花充分供水,以作为间作需水量模型构建的基础(棉瓜间作试验中充分供水以灌水下限为80%田持为参考),具体见表2-2。试验共9个处理。灌水方式采用膜下滴灌方式,滴灌带铺设在每垄西瓜行上,滴头流量为2.0 L/h。灌水量为30 mm,滴灌带布置在每垄中间位置。具体种植模式及水分处理详见第二章第一节。

第一节 间作模式下根系分布

作物根系生长和根系吸水紧密相关,根系吸收水分促进了根系生长,反过来根系生长增加了根系吸收的土层深度并缩短了水分到达根表的距离。在间作系统中,不同种类作物的根系互相影响、互相制约。作物根系生长模式受基因控制,但根系的最终分布由可利用水分和养分等环境因子所决定。在土壤的有利区域内,根系生长和根活力均有所提高。目前,国内外对作物地下竞争的试验研究和理论分析还很少。根系竞争对水分吸收的影响是很复杂的,这主要取决于环境条件。当间作在不同生态环境下,尤其在水分较低和高酸性条件下,观测到了地下竞争的失败。本小节主要研究间作种植结构下作物的根系生长发育及动态变化规律,揭示间作条件下根系分布特征和配对作物的相互影响及竞争机制。

一、间作模式下根系垂直分布情况

图 5-1 为 2014 年和 2015 年共生期结束时瓜棉间作亏水处理 PD70 处理下间作棉花和间作西瓜的根长密度垂直分布图。由图 5-1 可知,共生期结束时,间作系统下棉花和西瓜的根长密度垂直分布总体一致,即随土层深度增加,根长密度逐渐减小。由 2014 年和 2015 年数据分析可知,间作棉花、间作西瓜根系主要集中在 0~60 cm 土层,其中,0~40 cm 土层中间作西瓜根长密度大于间作棉花,40~60 cm 土层间作棉花根长密度大于间作西瓜。2014 年 PD70 处理下 0~60 cm 土层间作棉花平均根长密度为 1.06 mm/cm³,间作西瓜根长密度为 1.10 mm/cm³,2015 年 PD70 处理下 0~60 cm 土层间作棉花平均根长密度为 1.26 mm/cm³,间作西瓜根长密度为 1.40 mm/cm³。表明,瓜棉间作 PD70 亏水处理下,0~40 cm 土层中间作西瓜根系较间作棉花生长旺盛,处于竞争有利地位,40~60 cm 土层

中间作棉花根系下扎量较大,根系处于竞争优势地位。

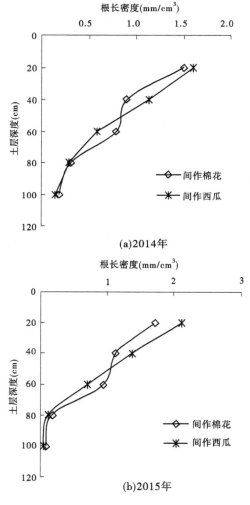

(a)2014年

(b)2015年

图 5-1　共生期结束时 PD70 处理下间作棉花/西瓜根长密度垂直分布

二、间作模式下根系水平分布情况

图 5-2 为 2014 年和 2015 年共生期结束时亏水处理 PD70 处理下间作棉花和间作西瓜的根长密度在西瓜至棉花行间的水平分布图。由图 5-2 可知,间作西瓜在水平方向根长密度表现为:随着距离西瓜主根越远,根长密度越小。间作棉花在水平方向根长密度表现为:距离西瓜主根 20 cm 处(棉花主根区)根长密度最大,其次为距离西瓜主根区 10 cm 处,2014 年距离西瓜主根 30 cm 处棉花根长密度最小,2015 年在西瓜主根处棉花根系密度最小。表明,西瓜、棉花间作在距西瓜主根区 10 cm 处存在明显的根系竞争关系,其中,该处间作棉花根系密度明显大于西瓜主根处和距西瓜主根区 30 cm 处,说明该处棉花表现出明显的竞争趋势,但竞争优势仍小于该处间作西瓜的优势。这可能是由于适当的水分亏缺可以诱导光合产物在根系中的分配,从而增加了棉花侧向根长密度,扩展植株的水分利用空间。

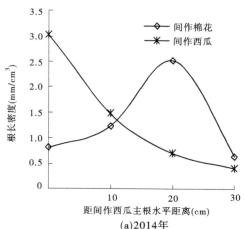

(a)2014年

图 5-2　共生期结束时 PD70 处理下间作棉花/西瓜根长密度水平分布

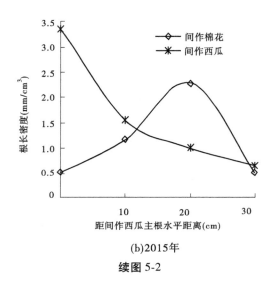

(b)2015年

续图 5-2

第二节　西瓜/棉花间作对土壤水分的影响

水分是作物生长发育不可缺少的资源,水分也是养分传输的载体。在间作系统中,水分分配是间作作物冠层和根系在地上与地下动态作用的结果,同样也是环境和作物生长间相互作用的结果。作物对土壤水分吸收主要依赖于根系空间分布,分析水分在间作作物间的分配是很复杂的,因为这同时包括地上和地下两部分。地上,气象条件和叶片的空间分布决定间作作物的水分需求,地下,取决于土壤可利用水量、根系发育及根系吸水能力。许多研究表明,土壤水分吸收主要依赖于根系空间分布,但是许多关于间作作物根系对水分分配的研究都没有考虑这一点。根系生长对于水分分配很敏感。间作条件下根系分布的非均匀性表明要准确模拟根系分布至少需要二维数据。在一些条件下间作群体内根系可能生长很快,若能结合根系生长模式建立动态预报模型,这对于间作作物对水分及养分的分配研究将会很有帮助,也能更全面地解释间作条件下土壤-作物-大气连续体内的水流运动。但由于根系的复杂性及试验条件的限制,对间作作物根系模型的构建及其对水分分配的影响还需要更进一步地开展研究。本小节主要分析间作和单作作物根系分布状况及水分分布状况,为后期间作条件下水分竞争机制的研究奠定一定的基础。

由图 5-3 可知,间作棉花在垂直方向上根长密度与对应区域单作棉花比较接近,0～100 cm 土层内间作棉花平均根长密度为 0.73 mm/cm^3,单作棉花为 0.72 mm/cm^3。间作西瓜在 0～20 cm 土层内根长密度小于单作西瓜,在 20～100 cm 土层内大于单作西瓜,0～100 cm 土层内间作西瓜平均根长密度为 0.75 mm/cm^3,单作西瓜为 0.70 mm/cm^3。

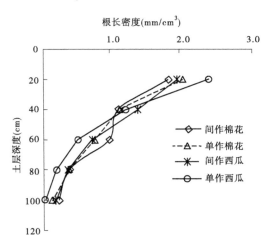

图 5-3　不同种植方式根长密度垂直分布

在西瓜、棉花间作共生期结束时,于间作西瓜、间作棉花、单作西瓜、单作棉花根系处监测土壤含水量随深度变化过程,结果见图5-4。可知,不论是单作还是间作种植方式,越是接近表层,土壤水分变化越剧烈。0~60 cm 深度范围内,土壤水分变化较为剧烈,60~100 cm 深度范围内,土壤水分变化趋于平缓。0~100 cm 间作西瓜平均土壤含水量大于单作西瓜土壤含水量,间作棉花平均土壤含水量与单作棉花土壤含水量较为接近。这在一定程度上说明间作模式下西瓜与棉花为互利共生关系。

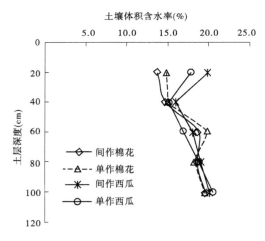

图 5-4　不同种植方式土壤水分垂直分布

第三节　西瓜/棉花间作对土壤养分的影响

西瓜果实膨大期是其对水分和养分的需求关键期,于西瓜膨大期随水施三元复合肥(N、P_2O_5 和 K_2O 的含量分别为12%、8%、22%)150 kg/hm²。共生期结束时,于单作西瓜垄、单作棉花垄、瓜棉间作垄上依次取 0~60 cm 土样,风干后测定土壤碱解氮、速效磷、速效钾含量。表 5-1 为不同种植方式下土壤碱解氮垂直分布状况。可知,单作西瓜、单作棉花及瓜棉间作垄土壤碱解氮含量随土层深度的增加呈递减的趋势,0~60 cm 土层平均土壤碱解氮含量表现为,瓜棉间作含量最低,为 35.94 mg/kg,其次为西瓜单作,为 40.26 mg/kg,棉花单作碱解氮含量最高,为 46.54 mg/kg。瓜棉间作共生期结束时为西瓜的成熟期和棉花的蕾期,西瓜成熟期对养分的吸收量增大,碱解氮含量明显降低,棉花蕾期植株刚进入营养生长阶段,对养分的吸收小于西瓜,因此瓜棉间作土壤碱解氮含量最低,单作棉花含量最高。

表 5-1　不同种植方式下土壤碱解氮分布状况

(单位:mg/kg)

土层深度(cm)	单作西瓜垄	单作棉花垄	瓜棉间作垄
0~10	52.16	63.25	50.68
10~20	48.95	62.95	42.61
20~30	40.36	52.31	37.64
30~40	39.69	49.68	32.06
40~50	34.69	29.68	30.06
50~60	25.69	21.39	22.56
平均	40.26	46.54	35.94

作物根系能够促进根际土壤中的可溶性和吸收酶的释放或激活,以及根系羧化物和有机酸的分泌,可有效地活化土壤磷素(赵光强等,2007)。章家恩等(2009)研究表明,玉米/花生间作较单作不同程度提高了系统根区的土壤速效磷含量。冯良山等(2013)研究表明,花生/谷子间作系统速效磷含量明显高于单作花生和单作谷子。表 5-2 表明,瓜棉间作垄速效磷含量在各个土层均大于单作西瓜和单作棉花,瓜棉间作系统 0~60 cm 土层平均

土壤速效磷含量较单作西瓜提高 20.87%, 较单作棉花提高 17.42%。

表 5-2　不同种植方式下土壤速效磷分布状况

（单位:mg/kg）

土层深度(cm)	单作西瓜垄	单作棉花垄	瓜棉间作垄
0~10	48.70	46.72	55.39
10~20	32.75	34.67	40.24
20~30	27.29	28.09	38.57
30~40	21.41	24.27	25.69
40~50	17.62	16.23	18.14
50~60	12.01	14.49	15.10
平均	26.63	27.41	32.19

由表 5-3 可以看出, 单作西瓜种植土壤速效钾含量最低, 尤其在 0~30 cm 土层速效钾含量与单作棉花及瓜棉间作相差较大。说明西瓜对土壤中速效磷的消耗最多, 有研究表明, 西瓜增施钾肥, 可促进植株营养生长, 显著提高产量, 改善品质。这与本研究单作西瓜对土壤速效钾的吸收较大结果一致。瓜棉间作能够在一定程度上提高土壤中速效钾的含量, 棉花单作土壤速效钾含量最高。由此说明, 相对于棉花, 西瓜对土壤中钾素的需求量更多。经计算, 0~60 cm 土层单作西瓜土壤速效钾含量较单作棉花降低 13.56, 较瓜棉间作降低 9.31%。

表 5-3　不同种植方式下土壤速效钾分布状况

（单位:mg/kg）

土层深度(cm)	单作西瓜垄	单作棉花垄	瓜棉间作垄
0~10	272.49	319.91	306.73
10~20	172.36	204.02	193.50

续表5-3

土层深度（cm）	单作西瓜垄	单作棉花垄	瓜棉间作垄
20~30	152.02	183.29	172.30
30~40	122.30	134.81	130.04
40~50	113.95	130.64	123.22
50~60	109.78	118.12	113.95
平均	157.15	181.80	173.29

参 考 文 献

[1] 赵秉强,张福锁,李增嘉,等.间套作条件下作物根系数量与活性的空间
分布及变化规律研究Ⅱ.间作早春玉米根系数量与活性的空间分布及变
化规律[J].作物学报,2001,27(6):974-979.

[2] 赵成义.作物根系吸水特性研究进展[J].中国农业气象,2004,25(2):
39-46.

[3] 左强,王东,罗长寿.反求根系吸水速率方法的检验与应用[J].农业工程
学报,2003,19(2):28-33.

[4] 左强,王数,陈研.反求根系吸水速率方法的探讨[J].农业工程学报,
2001,17(4):17-24.

[5] 左强,孙炎鑫,杨培岭,等.应用microlysimeter研究作物根系吸水特性
[J].水利学报,1998(6):69-75.

[6] 刘浩,段爱旺,孙景生,等.间作模式下冬小麦与春玉米根系的时空分布
规律[J].应用生态学报,2007,18(6):1242-1246.

[7] 张喜英,袁小良,韩润娥,等.冬小麦根系生长规律及土壤环境条件对其
影响的研究[J].生态农业研究,1994,2(3):62-68.

[8] 高阳,段爱旺,刘浩,等.间作条件下水分在作物间的分配与利用研究进
展[J].农业工程学报,2007,23(7):281-285.

[9] 刘浩,段爱旺,高阳,等.间作种植模式下冬小麦根系生长的时空分布及
变化规律研究[J].灌溉排水学报,2006,25(1):5-8.

[10] Zhou M C, Ishidaira H, Hapuarachchi H P, et al. Estimating potential

evapotranspiration using Shuttleworth-Wallace model and NOAA-AVHRR NDVI data to feed a distributed hydrological model over the Mekong River-basin[J]. Journal of Hydrology,2006,327:151-173.

[11] Wallace J S , Verhoef A. Modelling interactions in mixed-plant communities:light, Water and Carbon dioxide[C]// Marshall B, Ro berts J A. Leaf Development and Canopy Growth. England:Sheffield Academic Press Ltd, 2000.

[12] Li Long, Sun Jianhao , Zhang Fusuo, et al. Root distribution and interactions between intercropped species[J]. Oecologia, 2006, 147(2):280-290.

[13] Adiku S G K, Ozier-Lafontaine H, Bajazer T , et al. Patterns of root growth and water uptake of a maize-cowpea mixture grown under greenhouse conditions[J]. Plant and Soil, 2001,235: 85-94.

[14] 卢良恕.中国立体农业概论[M].成都:四川科学技术出版社,1999.

[15] Baumann D T, Bastiaans L, Goudriaan J, et al. Analysing crop yield and plant quality in an intercropping system using an eco-physiological model for interplant competition[J]. Agricultural Systems,2002(3):173-203.

[16] 张恩和,黄高宝.间套种植复合群体根系时空分布特征[J].应用生态学报,2003,14(8):1301-1304.

[17] 柴强, 黄高宝, 黄鹏. 供水及间甲酚对小麦间作蚕豆土壤微生物多样性和酶活性的影响[J].应用生态学报,2006,17(9):1624-1628.

[18] 柴强, 高宝,黄鹏,等.间甲酚及施磷对小麦间作蚕豆土壤微生物和酶活性的影响[J].生态学报,2006,26(2):383-390.

[19] 张恩和.作物间套复合群体根系营养竞争与补偿效应研究[D].兰州:甘肃农业大学,1997.

[20] 蔡崇法,王峰,丁树文,等.间作及农林复合系统中植物组分间养分竞争机理分析[J].水土保持研究,2000,7(3):219-221.

[21] 孟亚利,王瑛,王立国,等.麦棉套作复合根系群体对棉花根系生长的影响[J].中国农业科学, 2006, 39(11): 2228-2236.

第六章　瓜棉间作水分
高效利用研究

　　间作系统中种间竞争的一个关键因素就是水分,瓜棉间作中甜瓜或西瓜和棉花作为一个互相竞争和利用的机体,其竞争和利用机制对间作水分高效利用的贡献主要体现在间作群体耗水量的分配和水分利用效率上。间作套种时,两种或两种以上生育期、形态学特征不同的作物组合在同一群体内,不同作物需水临界期、最大效率期均存在一定差异,形成了时间上的补偿效应。研究间作配对作物全生育期和阶段耗水过程及其对瓜棉产量和水分利用效率的影响有利于明确间作作物的水分供需矛盾,同时能为该地区瓜棉间作科学合理的水分管理模式提供数据支撑。

　　本章试验数据来自于:①中国农业科学院河南新乡七里营镇综合试验基地,西瓜/棉花种植结构采用1:2种植模式,即每垄种植1行西瓜、2行棉花。试验设计以水分处理为主,根据西瓜各生育阶段不同的需水特性,分别在西瓜的开花坐果期、果实膨大期、果实成熟期设轻度水分亏缺(70%田持)、中度水分亏缺(60%田持)处理(考虑西瓜耗水量比较大且对水分需求较为敏感,因此在确定水分亏缺时,尽量避免使其重度亏水),西瓜收获后非共生期不作水分处理。设共生期充分供水为对照处理,同时,另设单作西瓜、单作棉花充分供水,以作为间作需水量模型构建的基础(瓜棉间作试验中充分供水以灌水下限为80%田持为参考),具体见表2-2。试验共9个处理。灌水方式采用膜下滴灌方式,滴灌带铺设在每垄西瓜行上,滴头流量为2.0 L/h。灌水量为30 mm,滴灌带布置在每垄中间位置。具体种植模式及水分处理详见第二章第一节。②2010~2011年在中国农业科学院农田灌溉研究所作物需水量试验场进行的甜瓜/棉花间作等行距种植模式试验,水分处理以棉花生育期来划分,每个生育阶段设置 3 个灌水水平,苗期、蕾期及吐絮期均为田间持水量的 50%、60%、70%,花铃前期及后期均为田间持水量的 55%、65%、75%,采用完全随机区组设计,另设全生育期充分灌水作为对照处理,共 11 个处理。具体种植模式及水分处理详见第二章第二节。

第一节　瓜棉间作群体耗水规律

作物耗水量(crop evapotranspiration,ET)通常指作物在一般生长条件下的植株蒸腾量与棵间蒸发量之和,有时也称为作物蒸发蒸腾量或农田蒸散量、农田总蒸发量。

作物耗水量一般采用水量平衡法计算,其公式为:

$$ET = I + P + U - R_f - D + (W_0 - W_t) \qquad (6\text{-}1)$$

式中:ET 为阶段耗水量,mm;I 为时段内净灌水总量,mm;P 为时段内总降雨量,mm;U 为时段内地下水补给量,mm,由于试验地地下水位较深,一般在 5.0 m 以下,作物无法吸收利用,故可忽略地下水补给,即 $U \approx 0$;R_f 为时段内地表径流量,mm,由于试验区地势平坦,故无地表径流产生,$R_f \approx 0$;D 为时段内根区的深层渗漏量,mm,其计算方法为灌水(或降雨)前 100 cm 土层内有效土壤含水量(mm)+灌水量(或降雨量,mm)−田间持水量(mm);W_0、W_t 分别为时段初期和时段末期的土壤储水量,mm。

一、西瓜/棉花间作群体耗水规律

(一)西瓜/棉花错位混种模式间作群体耗水规律

根据当地农户常规的间作种植模式,布置瓜棉间作行和棉花行的土壤含水量观测点,采用水量平衡法和加权平均法计算间作群体作物耗水量,结果见表 6-1。

表6-1　不同灌溉方式下西瓜/棉花间作群体耗水规律(错位混种模式)

处理	项目	共生期83 d				非共生期101 d		全育期184 d
		西瓜苗期 34 d	西瓜开花结果期18 d	西瓜果实膨大期13 d	西瓜成熟期18 d	—	—	
		棉花苗期66 d			棉花蕾期18 d	棉花花铃期59 d	棉花吐絮期42 d	
T1	耗水量(mm)	68.2	59.9	47.0	57.9	212	81.5	541.5
	耗水强度(mm/d)	2.01	3.32	3.62	3.22	3.60	1.94	2.94
T2	耗水量(mm)	73.4	63.4	59.8	63.7	267.6	50.4	578.3
	耗水强度(mm/d)	2.15	3.52	4.60	3.54	4.54	1.20	3.14
T3	耗水量(mm)	92.4	85.8	63.5	71.5	284.1	52.9	650.2
	耗水强度(mm/d)	2.72	4.77	4.88	3.97	4.82	1.26	3.53
CK	耗水量(mm)	87.0	74.3	57.9	69.8	260	55	604.0
	耗水强度(mm/d)	2.56	4.13	4.45	3.88	4.41	1.31	3.28

　　西瓜/棉花间作不同水分处理下耗水量结果表明,水分处理对西瓜/棉花间作耗水量有一定的影响,全生育期西瓜/棉花植株耗水量为520~690 mm,共生期耗水量为230~320 mm。

　　各处理全生育期耗水量表现为:T3>CK>T2>T1处理,说明土壤水分越高瓜棉间作田间耗水量越大。各处理在整个生育期的耗水规律基本一致:西瓜和棉花的日耗水强度均表现为前期小、中期大、后期小的规律。各处理共生期耗水量表现为:T3>CK>T2>T1处理,由于棉花苗期和蕾期植株较小,而西瓜处于果实膨大期,植株生长旺盛,对水分的需求较高,土壤含水量越高,西瓜生长越旺盛,耗水量越大。非共生期棉花进入花铃期,棉株逐渐以生殖生长为主,蕾铃生长加速,日耗水量达到高峰,其中,T3处理日耗水强度为4.82 mm/d,其次为T2处理,日耗水强度为4.54 mm/d,CK处理次之,而T1处理日耗水强度最小,仅为3.6 mm/d;进入吐絮期后,棉花以生殖生长为主,根系和功能叶开始衰老,内部生理活动亦在减缓,植株体逐渐转向衰老,日耗水强度迅速降低至全生育期最小,此阶段各处理间差异不大。

(二)西瓜/棉花 1∶2 种植模式间作群体耗水规律

西瓜/棉花 1∶2 种植模式各生育阶段不同程度水分亏缺条件下间作群体耗水规律见表 6-2 和表 6-3。分析可知,2014 年和 2015 年各水分处理在整个生育期的耗水规律基本一致,共生期日耗水强度均表现为前期小、中期大、后期小的规律,全生育期西瓜/棉花植株耗水量为 520～690 mm,共生期耗水量为 230～320 mm。各处理共生期耗水量表现为:JC 处理耗水量最大,其次为 PD70 处理,KH60 处理耗水量最小,说明除充分供水外,膨大期含水量下限控制在 70%田持使得西瓜耗水量显著较其他处理增大,这是由于西瓜果实膨大期恰逢棉花苗期,棉花苗期植株生长缓慢,而此时西瓜植株生长旺盛,对水分的需求较高,膨大期适当干旱复水后,西瓜生长旺盛,耗水量较大。非共生期西瓜拔秧,棉花进入花铃期,各处理均不作水分处理,统一按照适宜灌溉制度进行水分管理,各处理全生育期耗水量表现为:JC 处理耗水量最大,其次为 PD70 处理,KH60 处理耗水量最小。

表 6-2　西瓜/棉花间作群体耗水规律（2014 年,1:2 种植模式）

处理	项目	共生期 89 d				非共生期 115 d		全育期 204 d
		西瓜苗期 35 d	西瓜开花结果期 21 d	西瓜果实膨大期 12 d	西瓜成熟期 21 d	—	—	
		棉花苗期			棉花蕾期	棉花花铃期 51 d	棉花吐絮期 64 d	
KH60	耗水量（mm）	45.01	71.88	59.57	59.42	250.65	137.19	623.72
	耗水强度（mm/d）	1.29	3.42	4.96	2.83	4.91	2.05	3.06
KH70	耗水量（mm）	40.61	75.24	58.56	75.13	259.20	153.80	662.53
	耗水强度（mm/d）	1.16	3.58	4.88	3.58	5.08	2.40	3.25
PD60	耗水量（mm）	47.82	66.20	51.79	72.97	228.64	174.51	641.93
	耗水强度（mm/d）	1.37	3.15	4.32	3.48	4.48	2.73	3.15
PD70	耗水量（mm）	42.36	76.40	63.01	79.07	233.76	177.38	671.98
	耗水强度（mm/d）	1.21	3.64	5.25	3.77	4.58	2.77	3.29
CS60	耗水量（mm）	52.47	69.53	57.63	60.99	228.60	180.15	649.37
	耗水强度（mm/d）	1.50	3.31	4.80	2.90	4.48	2.81	3.18
CS70	耗水量（mm）	54.98	63.51	59.19	69.52	240.19	169.85	657.24
	耗水强度（mm/d）	1.57	3.02	4.93	3.31	4.71	2.65	3.22
JC	耗水量（mm）	56.18	81.26	61.49	70.64	247.69	168.90	686.16
	耗水强度（mm/d）	1.61	3.87	5.12	3.36	4.85	2.64	3.36

表 6-3 西瓜/棉花间作群体耗水规律(2015 年,1:2种植模式)

处理	项目	共生期 87 d				非共生期 99 d		全育期 186 d
		西瓜苗期 30 d	西瓜开花结果期 20 d	西瓜果实膨大期 18 d	西瓜成熟期 17 d	—	—	
		棉花苗期				棉花蕾期	棉花花铃期 50 d	棉花吐絮期 49 d	
KH60	耗水量(mm)	75.63	66.28	64.88	57.22	211.81	49.34	525.12
	耗水强度(mm/d)	2.52	3.01	3.60	3.37	4.24	1.01	2.82
KH70	耗水量(mm)	79.85	78.02	78.19	60.98	190.93	54.71	542.68
	耗水强度(mm/d)	2.66	3.55	4.34	3.59	3.82	1.17	2.92
PD60	耗水量(mm)	74.11	77.67	69.95	60.68	199.42	67.46	549.28
	耗水强度(mm/d)	2.47	3.53	3.87	3.57	3.99	1.37	2.95
PD70	耗水量(mm)	71.92	69.42	92.72	66.43	198.44	61.86	560.79
	耗水强度(mm/d)	2.39	3.16	5.15	3.91	3.67	1.26	2.99
CS60	耗水量(mm)	69.99	76.57	81.72	59.42	199.19	67.84	554.74
	耗水强度(mm/d)	2.33	3.48	4.54	3.49	3.98	1.38	2.98
CS70	耗水量(mm)	79.55	77.81	75.93	58.48	197.69	55.79	545.23
	耗水强度(mm/d)	2.65	3.54	4.22	3.44	3.95	1.14	2.93
JC	耗水量(mm)	71.73	81.91	95.30	63.54	218.78	65.35	596.61
	耗水强度(mm/d)	2.39	3.72	5.29	3.74	4.38	1.33	3.19

二、甜瓜/棉花间作群体耗水规律

表 6-4 为甜瓜/棉花间作群体耗水规律。可以看出,甜瓜/棉花全生育期植株耗水量为 510～620 mm,整个生育期充分灌水处理 CK 的耗水量最大,棉花吐絮期水分亏缺处理 T9、T10 和处理 CK 的耗水量差别不大。不同水分处理条件下,亏缺灌溉处理的阶段耗水量及日耗水强度都随着受旱程度的增加而下降,随着生育进程的推进,到花铃期(共生后期及非共生前期)达到最大值,棉花吐絮期又迅速减小,即耗水特性表现为间作群体前期小、中期大、后期减小的变化规律。T1、T2、T3、T4、T7、T8、T9、T10 和 CK 处理在共生后期(甜瓜成熟期及棉花花铃前期)耗水量出现一个小的峰值,主要因为此阶段气温逐渐升高,棉花植株个体增大,甜瓜伸蔓增多,同时果实开始成熟,需水强度迅速增大,相应的阶段耗水量和日耗水强度均达到最大;T5、T6 的峰值出现在非共生期(花铃后期),主要是在甜瓜/棉花的需水关键期花铃前期进行了亏缺灌溉,水分亏缺导致土壤中毛管传导度减小,植株根部吸水速率降低,引起叶片含水量减小,保卫细胞会因失水而收缩,气孔开度减小,经过气孔的水分扩散阻力有所增加,从而导致叶面蒸腾强度低于无水分亏缺时的蒸腾强度,另外,水分亏缺明显抑制了间作群体的叶片光合速率,降低光合产物的形成、转移和运输,植株蒸腾面积相应减小,加之水分亏缺降低表层土壤含水率,抑制了棵间土壤蒸发量,从而降低了该生育阶段的耗水量,在花铃后期复水后耗水量明显增大,出现峰值。

苗期是甜瓜/棉花植株功能叶逐渐形成阶段,此阶段需水主要用于甜瓜和棉花植株营养生长,由于此时植株较小,蒸腾作用较弱,需水强度较小,再加上苗期生育期过长,日耗水量在 1.73～2.11 mm/d,随着间作群体植株的缓慢生长,其需水强度也缓慢增加;进入共生中期(甜瓜开花结果期和棉花蕾期)后,植株进入营养

表 6-4 不同水分处理下甜瓜/棉花间作群体耗水规律（2011 年）

处理	项目	甜瓜苗期 61 d / 棉花苗期 61 d	甜瓜开花结果期 24 d / 棉花蕾期 24 d	甜瓜成熟期 25 d / 花铃前期 25 d	— / 花铃后期 24 d	— / 吐絮期 53 d	全育期 186 d
T1	耗水量（mm）	105.73	116.21	127.61	113.92	96.17	559.64
	耗水强度（mm/d）	1.73	4.84	5.10	4.75	1.81	2.99
T2	耗水量（mm）	110.77	102.19	120.65	115.22	100.72	549.54
	耗水强度（mm/d）	1.82	4.26	4.83	4.80	1.90	2.94
T3	耗水量（mm）	115.03	82.09	121.01	103.52	89.07	510.71
	耗水强度（mm/d）	1.89	3.42	4.84	4.31	1.68	2.73
T4	耗水量（mm）	120.27	91.79	128.92	99.01	84.84	524.82
	耗水强度（mm/d）	1.97	3.82	5.16	4.13	1.60	2.81
T5	耗水量（mm）	121.13	117.15	105.61	139.67	105.09	588.65
	耗水强度（mm/d）	1.99	4.88	4.22	5.82	1.98	3.15

共生期 110 d 对应前三列，非共生期 77 d 对应后两列。

续表 6-4

处理	项目	共生期 110 d			非共生期 77 d		全育期 186 d
		甜瓜 苗期 61 d	甜瓜 开花 结果 期 24 d	甜瓜 成熟 期 25 d	—	—	
		棉花 苗期 61 d	棉花 蕾期 24 d	花铃 前期 25 d	花铃 后期 24 d	吐絮 期 53 d	
T6	耗水量 （mm）	120.75	122.24	119.30	133.31	105.18	600.78
	耗水强度 （mm/d）	1.98	5.09	4.77	5.55	1.98	3.21
T7	耗水量 （mm）	117.19	117.14	126.63	97.97	98.49	557.42
	耗水强度 （mm/d）	1.92	4.88	5.07	4.08	1.86	2.98
T8	耗水量 （mm）	118.38	114.15	131.93	101.36	100.16	565.97
	耗水强度 （mm/d）	1.94	4.76	5.28	4.22	1.89	3.03
T9	耗水量 （mm）	121.01	124.40	136.47	123.84	104.74	610.45
	耗水强度 （mm/d）	1.98	5.18	5.46	5.16	1.98	3.26
T10	耗水量 （mm）	128.43	123.23	133.48	124.09	110.08	619.31
	耗水强度 （mm/d）	2.11	5.13	5.34	5.17	2.08	3.31
CK	耗水量 （mm）	124.90	124.55	138.18	132.02	100.23	619.88
	耗水强度 （mm/d）	2.05	5.19	5.53	5.50	1.89	3.31

生长与生殖生长并进的阶段,随着棉花植株的快速增长和甜瓜的伸蔓增多,植株蒸腾面积迅速增大,日耗水量迅速增大,增长幅度最大的为苗期亏缺处理 T1,相对于苗期日耗水强度增长 64.2%,说明在苗期适当的水分亏缺并不影响植株的正常生长发育;棉花花铃期植株迅速增长至全生育期最大,棉花植株的生长状况逐渐由营养生长和生殖生长并进向以生殖生长为主转变,各处理耗水强度比蕾期有小幅度的增长,除去花铃前期亏缺灌溉处理 T5、T6各处理耗水强度均达到最高峰,最大值出现在对照处理 CK,为 5.53 mm/d,处理 T5、T6 在花铃后期复水后出现峰值,分别为 5.88 mm/d 和 5.55 mm/d,且重度水分处理 T5 明显比 T6 大;进入吐絮期后,棉花以生殖生长为主,根系和功能叶开始衰老,内部各组织器官生理活动亦在减缓,植株体逐渐转向衰老,日耗水强度迅速降低至全生育期最小,基本在 1.60~2.08 mm/d。

农田土壤水分消耗的主要途径有植株蒸腾和棵间蒸发。农田节水调控的主要目的就是要通过科学的灌水方式和各种节水措施的实施,减少棵间土壤蒸发的无效耗水和避免作物叶片的奢侈蒸腾,因此研究棵间土壤蒸发占阶段耗水量的比例对于调控作物与水分的最优关系有比较重要的意义。

表 6-5 列出了 2010 年甜瓜/棉花不同水分处理条件下棉花各生育阶段土壤蒸发量 E 及其占阶段耗水量的比例 E/ET。可以看出,各处理 E/ET 在全生育期的变化规律基本一致:随生育期的推移呈现先减小后增大的变化规律。苗期低水分处理 T1 土壤蒸发量低于其他处理,但占阶段耗水量的比例较大,主要是棉花和甜瓜植株小,叶面积指数低,阶段耗水量以棵间蒸发为主,再加上低水分处理的土壤下限比较低,苗期没有灌水,阶段耗水量较小,相应的 E/ET 会有所增加;进入棉花蕾期后,棉花营养生长和生殖生长并进,甜瓜茎蔓分枝多,覆盖大半个沟,棵间蒸发减小,随着植株不断生长发育,叶面积指数增大,蒸腾耗水相应增大,各处理的棵间

蒸发量占阶段耗水量的比例开始减小,在花铃前期降到最小,介于11.18%~32.64%;在花铃后期甜瓜已拔苗,同时进入雨季,棵间蒸发并没有相应增大;吐絮期后棉花叶片开始衰老,叶面积指数减小,植株蒸腾能力减弱,各处理棵间蒸发占阶段耗水量的比例又上升到25.61%~41.82%。

表6-5　不同水分处理土壤蒸发量占阶段耗水量的比例

处理	苗期		蕾期		花铃前期		花铃后期		吐絮期	
	E (mm)	E/ET (%)	E (mm)	E/ET (%)	E (mm)	E/ET (%)	E (mm)	E/ET (%)	E (mm)	E/ET (%)
T1	75.11	87.62	39.07	36.78	17.96	15.27	27.84	23.41	45.96	36.72
T2	74.87	82.49	29.05	31.52	19.43	17.56	21.36	17.77	48.63	35.83
T3	79.12	71.91	24.69	43.26	16.39	14.77	18.03	16.62	43.75	35.26
T4	80.89	80.67	31.89	38.99	22.24	16.01	27.27	32.46	50.05	41.76
T5	77.66	69.88	31.78	27.13	21.99	20.82	27.09	17.52	42.80	35.64
T6	79.59	71.86	32.26	24.40	17.26	14.47	27.84	20.13	41.55	31.43
T7	84.22	61.39	37.77	32.25	20.19	18.94	15.80	21.65	31.62	25.61
T8	82.57	73.48	26.42	29.64	14.97	12.18	13.87	16.07	37.76	30.17
T9	79.29	78.50	34.51	36.95	18.00	18.00	24.65	22.65	46.99	38.92
T10	84.88	78.28	39.13	36.15	19.99	18.25	19.78	19.96	42.80	34.22
CK	82.35	78.50	38.77	33.85	17.96	13.00	20.22	14.76	48.18	38.48

第二节　瓜棉间作产量及水分生产效率

一、西瓜/棉花间作产量及其构成因子

(一)西瓜/棉花错位混种模式产量及其构成因子

表6-6给出了膜下滴灌各水分处理对瓜棉产量及产量构成因

子的影响,从西瓜产量来看,T2处理西瓜产量最高,高达59 697.0 kg/hm²,较CK增产6.6%,T3处理次之,与CK无明显差异,T1较CK减产11.4%。分析原因,灌水对于单瓜重量有一定的影响,适宜的灌水量有利于提高单瓜重量,进而提高产量。而灌水量过大,西瓜产量并没有随之增加,土壤含水量过高容易造成烂根、死根。整个生育期灌水量较少,使得西瓜植株受到了严重的干旱胁迫,其营养生长和生殖生长均受到抑制,因此T1处理产量远低于其他处理。从棉花产量方面来看,T2处理籽棉产量最高,较对照增产21.8%,单株铃数比CK增多8%,单铃重较CK显著增加了12.9%。T3和T1处理均较CK处理有一定程度的减产,T3处理单株铃数降低,单铃重略较CK增加。T1处理单株铃数降低,单铃重亦降低。可见,在瓜棉间作模式下采用膜下滴灌灌溉方式时,整个生育期按中水分(T2处理,灌水定额为22.5 mm)处理来进行科学的田间水分管理,有利于提高间作模式下西瓜和棉花的产量。

表6-6 不同水分处理下瓜棉产量及其构成因子(2012年)

处理	西瓜		棉花			
	产量 (kg/hm²)	单瓜重 (kg)	籽棉产量 (kg/hm²)	衣分 (%)	单株铃数 (N)	单铃重 (g)
T1	49 599.0b	3.72b	3 588.1b	33.49a	18.8a	4.77b
T2	59 697.0a	4.47a	4 851.2a	33.19a	21.7a	5.59a
T3	56 133.0a	4.20a	3 883.2ab	33.25a	18.6a	5.22ab
CK	55 984.5ab	4.19a	3 983.1ab	33.07a	20.1a	4.95ab

注:同列不同字母表示处理间差异显著($P<0.05$),下同。

(二)西瓜/棉花1:2种植模式产量及其构成因子

表6-7、表6-8给出了各水分处理对西瓜/棉花间作产量及其

构成因子的影响,从西瓜产量来看,西瓜在果实膨大期经受轻度水分亏缺的 PD70 处理获得最高产量,2014 年为 40 847.1 kg/hm,2015 年为 44 932.74 kg/hm,果实膨大期中度亏水处理 PD60 则产量最低,2014 年仅为 32 275.3 kg/hm,2015 年仅为 39 875.00 kg/hm²,其他处理产量居中。分析原因,主要是果实膨大期西瓜处于营养生长和生殖生长阶段,也是果实干物质累积最快速的时期,适度的水分亏缺后及时复水,作物获得补偿生长效应,提高了产量,而严重的水分胁迫对西瓜产量影响较大。从棉花产量来看,PD70 处理籽棉产量较其他处理最高,2014 年为 4 755.5 kg/hm,2015 年为 4 894.99 kg/hm,其次为 PD60 处理,2014 年为 4 473.3 kg/hm,2015 年为 4 635.13 kg/hm。此阶段对棉花进行适当的干旱锻炼,促使其根系深扎,当土壤含水量达到下限时灌水,由于作物的补偿生长效应,棉花迅速生长。2014 年瓜棉间作共生期充分供水 JC 处理、单作棉花充分供水 MC 处理及西瓜成熟期中度水分亏缺 CS60 处理产量表现较低,2015 年 JC 处理、MC 处理及 KH60 处理产量表现较低,说明共生期内充分湿润的土壤条件容易造成棉株旺长,透光透气条件差,蕾铃花脱落现象比较严重,从而造成产量的降低,同时,棉花蕾期(西瓜成熟期)是棉花生长的关键时期,中度水分亏缺严重影响了棉株的生长发育,使其单株成铃数明显少于其他处理,故 CS60 处理籽棉产量较低。可见,棉瓜间作模式下采用膜下滴灌灌溉方式时,在共生期西瓜膨大期进行适当水分亏缺,当土壤含水量下限到田间持水量的 70% 时进行灌水,能同时提高间作西瓜和棉花的产量,共生期西瓜膨大期严重的水分胁迫(PD60 处理)虽然有利于棉花产量的提高,但西瓜产量明显下降。

表 6-7　西瓜/棉花间作产量及其构成因子（2014 年,1:2种植模式）

处理	西瓜		棉花			
	产量 （kg/hm²）	单瓜重 （kg）	籽棉产量 （kg/hm²）	衣分 （%）	单株铃数 （N）	单铃重 （g）
XC	39 560.3a	3.55a	—	—	—	—
MC	—	—	3 905.3b	39.7a	16.8ab	5.22b
JC	39 400.2a	3.54a	3 952.0b	39.6a	17.3a	5.13ab
KH60	33 946.5bc	3.05b	4 173.1ab	39.3a	15.4bc	6.10a
KH70	35 398.5b	3.18ab	4 230.8ab	38.5a	15.1bc	6.29a
PD60	32 275.3c	2.90c	4 473.3ab	40.2a	16.0b	6.28a
PD70	40 847.1a	3.67a	4 755.5a	40.1a	16.7ab	6.40a
CS60	37 062.9ab	3.33ab	3 892.5b	39.1a	12.9d	6.79a
CS70	38 398.4ab	3.45a	4 387.5ab	39.4a	14.4c	6.84a

注:同列不同字母表示处理间差异显著(P<0.05),下同。

表 6-8　西瓜/棉花间作产量及其构成因子（2015 年,1:2种植模式）

处理	西瓜		棉花			
	产量 （kg/hm²）	单瓜重 （kg）	籽棉产量 （kg/hm²）	衣分 （%）	单株铃数 （N）	单铃重 （g）
XC	44 015.23a	3.95a	—	—	—	—
MC	—	—	4 002.13b	36.71a	16.5bc	5.45ab
JC	42 413.07ab	3.81a	3 853.36b	36.53a	15.6c	5.55ab
KH60	40 206.46b	3.61ab	4 089.78ab	36.11a	16.8bc	5.47ab
KH70	43 651.86a	3.92a	4 220.43ab	37.51a	17.0bc	5.58ab
PD60	39 875.00b	3.58b	4 635.13a	36.68a	20.4a	5.11ab
PD70	44 932.74a	4.04a	4 894.99a	37.36a	18.4ab	5.86a
CS60	41 712.57ab	3.75ab	4 106.58ab	36.49a	17.4bc	5.30ab
CS70	41 221.07ab	3.70ab	4 434.27ab	36.69a	20.5a	4.86b

二、西瓜/棉花间作水分生产效率

采用作物水分生产率(Water Productivity,WP)来描述间作不同灌水处理的水分利用率,其值等于作物经济效益与作物耗水量的比值。

$$WP = E/ET \qquad (6-2)$$

式中:WP 为水分生产率,元/m³;E 为经济效益,元;ET 为田间实际耗水量,mm。

(一)西瓜/棉花错位混种模式水分生产效率

从表 6-9 可以看出,T2 处理在瓜棉共生期内较对照节水 9.9%,全生育期节水 4.3%,T2 处理总产出值和水分生产率均表现最高,总产出值较对照提高 10.3%,水分生产率较对照提高 15.2%。T1 处理虽较其他处理最为节水,共生期较对照节水 19.4%,全生育期节水 10.4%,而总产出值最低,较对照偏低 11.0%,水分生产效率较对照略低。T3 处理耗水量过大,总产出值没有任何优势,并且水分生产率最低。表明该地区瓜棉间作种植模式采用膜下滴灌时,全生育期灌水定额为 22.5 mm,在提高水分生产率

表 6-9　西瓜/棉花间作水分生产率及经济效益分析(错位混种模式)

处理	共生期耗水量(mm)	总耗水量(mm)	西瓜产量(kg/hm²)	籽棉产量(kg/hm²)	总产出值(元/hm²)	水分生产率(元/m³)
T1	233.0	541.5	49 599.0b	3 588.1ab	131 490.9	24.28
T2	260.3	578.3	59 697.0a	4 851.2a	163 054.8	28.20
T3	313.2	650.2	56 133.0a	3 883.2ab	147 214.8	22.64
CK	289.0	604.0	55 984.5ab	3 983.1ab	147 816.9	24.47

注:西瓜价格参照当年市场参考价 2.0 元/kg 计算,籽棉价格参照当年市场参考价 9.0 元/kg 计算。

的同时能显著提高总体经济效益,低灌水定额处理虽然水分利用效率不是最低,但经济效益远低于其他处理,高灌水定额处理在消

耗大量水分的同时,经济效益并没有提高。可见,瓜棉间作系统采用合理的水分调控完全可以达到节水高产高效的目标。

(二)西瓜/棉花 1∶2 种植模式水分生产效率

从表 6-10 和表 6-11 可以看出,PD70 处理总产出值和水分生产率均表现最高。2014 年 PD70 处理总产出值较 JC 处理提高8.86%,水分生产率较 JC 处理提高 11.15%,2015 年总产出值较JC 处理提高 11.03%,水分生产率提高 18.12%。KH60 处理虽较处理最为节水,2014 年共生期较 JC 处理节水 12.50%,全生育期节水 9.10%,2015 年共生期节水 15.53%,全生育期节水 11.98%,但该处理总产出值较其他处理相比最低。JC 处理耗水量过大,总产出值没有任何优势,并且水分生产率偏低。其他处理总产出值和水分生产效率差异不显著。表明该地区棉瓜间作种植模式采用膜下滴灌时,在共生期西瓜膨大期轻度水分亏缺来进行水分的科学管理完全可以达到节水高产高效的目标。

表 6-10　西瓜/棉花间作水分生产率及经济效益分析(2014 年,1∶2 种植模式)

处理	共生期耗水量(mm)	总耗水量(mm)	西瓜产量(kg/hm²)	籽棉产量(kg/hm²)	总产出值(元/hm²)	水分生产率(元/m³)
KH60	235.87	623.72	33 946.5	4 173.1	105 450.9	16.91
KH70	249.53	662.53	35 398.5	4 230.8	108 874.2	16.43
PD60	238.78	641.93	32 275.3	4 473.3	104 810.3	16.33
PD70	260.84	671.98	40 847.1	4 755.5	124 493.7	18.53
CS60	240.62	649.37	37 062.5	3 892.5	109 158.3	16.81
CS70	247.20	657.24	38 398.4	4 387.5	116 284.3	17.69
JC	269.57	686.16	39 400.2	3 952.0	114 368.4	16.67

注:西瓜价格参照该年市场参考价 2.0 元/kg 计算,籽棉价格参照该年市场参考价9.0 元/kg 计算。

表6-11　西瓜/棉花间作水分生产率及经济效益分析(2015年,1:2种植模式)

处理	共生期 耗水量 (mm)	总耗水量 (mm)	西瓜产量 (kg/hm²)	籽棉产量 (kg/hm²)	总产出值 (元/hm²)	水分生产率 (元/m³)
KH60	263.96	525.12	40 206.46	4 089.78	109 041.38	20.77
KH70	297.04	542.68	43 651.86	4 220.43	116 846.73	21.53
PD60	282.41	549.28	39 875.00	4 635.13	112 195.91	20.43
PD70	300.48	560.79	44 932.74	4 894.99	124 130.41	22.13
CS60	287.71	554.74	41 712.57	4 106.58	112 171.20	20.22
CS70	291.76	545.23	41 221.07	4 434.27	113 482.03	20.81
JC	312.48	596.61	42 413.07	3 853.36	111 799.66	18.74

注:西瓜价格参照该年市场参考价 2.0 元/kg 计算,籽棉价格参照该年市场参考价 7.0 元/kg 计算。

三、甜瓜/棉花间作产量及其构成因子

表6-12列出了甜瓜/棉花间作两种作物的产量,可以看出,不同生育阶段水分亏缺对甜瓜产量的影响程度为:棉花蕾期(甜瓜开花坐果期)>棉花花铃前期(甜瓜果实膨大期)>棉花苗期(甜瓜苗期),对棉花皮棉产量影响的程度依次为:花铃前期>苗期>花铃后期>蕾期>吐絮期。

间作对棉花的产量影响很大,主要表现为间作减少了单位面积株数、单位面积铃数和单株成铃数,进而影响到了籽棉和皮棉的单位面积产量。从表6-12可以看出,与对照处理相比,苗期水分亏缺(T1和T2)虽对甜瓜产量没有明显影响,但明显降低了皮棉产量,T1和T2处理皮棉产量分别降低了13.70%和10.71%,相反,中度水分亏缺处理T2的甜瓜产量增产7.14%;蕾期水分亏缺(T3和T4)虽然明显地降低了甜瓜的产量,分别减产26.45%和22.37%,但对棉花皮棉产量的影响相对较小,其中轻度水分亏缺T4与对照几乎没有差异;花铃前期水分亏缺不仅明显地降低了甜

表 6-12　甜瓜／棉花间作产量及其构成因子（2011 年，等行距种植模式）

处理	甜瓜产量（kg/hm²）	棉花产量			
		皮棉（kg/hm²）	衣分（%）	铃数（万个/hm²）	单铃重（g）
T1	32272.13ab	1359.51c	45.20a	47.85c	6.29ab
T2	35098.07a	1406.69c	45.02a	50.02bc	6.25ab
T3	24095.24c	1430.44bc	44.48a	53.18b	6.05b
T4	25429.24bc	1536.61ab	44.94a	56.68ab	6.03b
T5	25683.24bc	1328.45d	45.56a	47.98c	6.08b
T6	29427.68b	1370.15cd	44.78a	45.97d	6.66ab
T7	33204.51ab	1393.88cd	44.25a	46.02cd	6.85ab
T8	34229.37a	1446.47b	44.79a	45.53d	7.09a
T9	34928.39a	1533.37ab	45.29a	57.26ab	5.91c
T10	35774.68a	1475.67b	45.14a	57.48ab	5.69c
CK	32758.77ab	1575.35a	44.61a	59.78a	5.91c

瓜的产量，而且也明显地降低了棉花的皮棉产量，且产量降低程度随水分亏缺程度的增大而增大；花铃后期和吐絮期的 4 个低水分处理对甜瓜产量影响不大，均在 33 200～35 774 kg/hm²，其原因是瓜棉共生期为棉的苗期、蕾期和花铃前期的大部分时间，而处理 T7～T10 及处理 CK 在甜瓜生长期内没有进行水分亏缺处理，故这 5 个处理对甜瓜产量影响较小；花铃后期水分亏缺仍会对皮棉产量产生较大的影响，特别是重度水分亏缺处理 T7，皮棉产量减产 11.52%；吐絮期虽设有水分处理（亏缺处理 T9、T10），但此阶段 206.9 mm 的降雨量使得土壤水分并没有降到下限 50% 和 60%，在全生育期耗水量与对照处理 CK 几乎相同的情况下，T10 的皮棉产量相对于对照处理却减产 6.33%，究其原因是在瓜棉共生期

中甜瓜与棉花争水争肥的矛盾,前期甜瓜产量相对于对照处理 CK 增产 9.21%,相应地会影响该处理后期棉花的营养生长和生殖生长,再加上 7 月 20 日大暴雨灾害的影响,试验场地位于风口处的处理 T10 棉花倒伏情况比较严重,最终导致棉花皮棉减产。棉花产量结构中,全生育期耗水量较多且相近的处理 T9、T10 和 CK,单铃重在所有处理中较小,仅为 5.69 g,与最大的单铃重相差 1.4 g,但由于铃数较多,并不影响最终产量;在各水分处理中,衣分高低主要决定于品种的遗传性,同时也受纤维发育时的温、光、肥、水等条件的影响,变化幅度较小,相对比较稳定。

四、甜瓜/棉花间作水分利用效率

作物产量和水分利用效率的同步提高是当今节水农业追求的主要目标,土壤水分则是影响作物生长发育及水分利用效率最主要的环境因子。水分利用效率取决于光合产物的形成和水分蒸散两大过程,而光合产物的形成和水分蒸散是水、肥、气、热、光、土和生物等多种因素共同作用的结果,对于间作而言,种植结构和特征对水分利用效率也有一定的影响,作物的水分利用效率(WUE)指作物单位耗水量产出的籽粒产量,反映了灌水技术及综合栽培措施的合理程度,是评价节水效果的一项重要指标,计算公式为:

$$WUE = Y/ET \qquad (6-3)$$

式中:WUE 为作物水分利用效率,kg/m³;Y 为单位面积产量,kg/hm²;ET 为作物生育期耗水量,m³/hm²。其中棉花的水分利用效率按全生育期耗水量来计算,甜瓜的水分利用效率按共生期瓜棉耗水量来计算。

由图 6-1 和图 6-2 可以看出,棉花苗期(甜瓜幼苗期)轻度水分亏缺处理 T2,甜瓜产量最高,重度水分亏缺处理 T1 则对甜瓜产量产生了一定程度的影响,影响相对较小,但水分利用效率有所提高,而与其相对应的棉花籽棉产量略有减产,水分利用效率也有所降低,主要原因是苗期甜瓜植株比棉花大,根系吸收水肥要多,对于苗期共同消耗的水分,甜瓜的水分利用效率要高。总的来说,苗期水分亏缺处理,均对瓜棉产量和水分利用效率的提高有利。棉花蕾期(甜瓜伸蔓期)水分亏缺对甜瓜产量影响最大,相对于对照处理 CK 减产 26.45% 和 22.37%,水分利用效率随着亏缺程度的增加而增大,而对棉花籽棉产量影响较小,其主要原因是该阶段正是甜瓜伸蔓期,对水分需求较高,水分亏缺将影响甜瓜叶片发育和坐果率,致使该阶段的水分利用效率明显降低,但该期水分亏缺对棉花壮苗则较为有利,适度水分亏缺不仅不会影响棉花产量,反而使棉花的水分利用效率达到最高。棉花花铃前期恰好是甜瓜的果实膨大期,同时该期也是棉花的需水关键时期,水分亏缺不仅会对甜瓜产量产生较大的影响,而且会严重地降低籽棉产量,水分亏缺处理(T5 和 T6)分别减产 15.7% 和 13.0%,致使二者的水分利用效率都会有较为明显的降低。因此,无论是从甜瓜高产高效还是从棉花高产高效来看,都应保证此期的水分充分供应。花铃后期,甜瓜基本收获完毕,图 6-1 中水分亏缺(T7 和 T8)对甜瓜产量和水分利用效率的影响程度均与对照处理相近,但棉花的籽棉产量与对照相比,略有降低,水分利用效率较好,但不同程度亏水之间的差异较小,说明在缺水的情况下对该期进行适度调亏是可行的。吐絮期除去中度水分亏缺处理 T10 因前期甜瓜消耗水肥较多,使得棉花产量和水分利用效率略有下降,适度调亏处理对棉花产量和水分利用效率基本上没有影响。

　　试验结果表明,棉花整个生育期土壤含水量维持在较高水平的处理产量有所增加,但水分利用效率却不高,而不同生育期轻度水分亏缺处理在不影响产量的前提下,水分利用效率均有所提高,特别是蕾期进行轻度水分亏缺处理,可节水 12.6%,究其原因是蕾期甜瓜枝蔓的遮阴使得土壤水分含水量下降慢,适当的亏水不

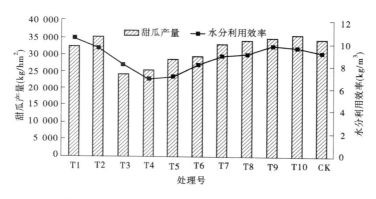

图 6-1　不同水分处理甜瓜产量及其水分利用效率

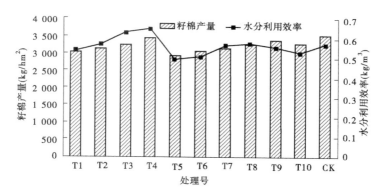

图 6-2　不同水分处理棉花籽棉产量及其水分利用效率

影响棉花的产量,因此在瓜棉间作中棉花蕾期的土壤含水量可控制在田间持水量的 60% ~ 65%,苗期土壤含水量应不低于田间持水量的 50%,而花铃前期重度的水分亏缺对棉花产量影响最大,该时期棉花对水分最敏感,适宜的灌水下限应控制在田间持水量的 75% ~ 80%,吐絮期的中度和重度亏缺对棉花产量影响不大,主要是 2015 年为丰水年,降雨量达到 550 mm,从棉花吐絮一直到最后收获拔秆都没有降到设计的灌水下限,因此对产量影响不大,水分利用效率也高,结合前人对大田棉花吐絮期的调亏研究,适宜灌水下限以控制在 55%~60% 为宜。

第三节　黄河流域瓜棉间作灌溉模式

间作生产中,如何协调共生期内瓜棉对水分的需求并制定科学合理的灌溉制度,将有限的灌溉水资源精确、准时地供给作物,以获得最大的经济效益,是促进瓜棉间作模式可持续发展的关键。

一、西瓜/棉花错位混种种植结构下的高效用水模式

西瓜/棉花错位混种模式,即 1 垄为西瓜棉花套作,西瓜、棉花采用株间交错种植方式,行距 40 cm,株距 25 cm;相邻垄种植两行棉花,行距 40 cm,株距 25 cm,2 垄间距 1.5 m。灌水方式采用膜下滴灌灌水方式,滴灌带铺设在每垄中间,滴头流量为 2.0 L/h。

中水分 T2 处理在瓜棉共生期内较对照节水 9.9%,全生育期节水 4.3%,T2 处理总产出值和水分生产率均表现最高,总产出值较对照提高 10.3%,水分生产率较对照提高 15.2%。表明,西瓜/棉花间作种植模式下采用膜下滴灌中水分处理进行灌水调控能有效达到节水高产的目的。表明该地区瓜棉间作种植模式采用膜下滴灌时,全生育期灌水定额为 22.5 mm 在提高水分生产率的同时能显著提高总体经济效益。

表 6-13 表明,在该地区全生育期降雨量为 408.2 mm 的情况下,滴灌处理在瓜棉间作全生期灌水定额为 22.5 mm 比较适宜,全生育期灌水次数为 7 次,其中出苗水为 30 mm,以保障西瓜和棉花能够正常出苗。苗期由于拱棚内温度较高,西瓜开始伸蔓对水分的需求逐渐增大,苗期共灌水 3 次;开花期 5 月中旬灌水 1 次;5月 26 日降雨 28.8 mm,此次降雨对即将进入果实膨大期的西瓜来

说比较及时,果实膨大期是西瓜需水关键期,于 6 月上旬灌水 1次;当西瓜逐渐进入成熟期,棉花正处于蕾期,同时考虑西瓜和棉花两种作物对水分的需求,根据土壤含水量监测,于 6 月下旬进行 1 次灌溉。随着共生期结束,棉花进入花铃期,7 月该地区降雨比较频繁,结合当地天气降雨情况,于 8 月下旬灌水 1 次,之后棉花进入吐絮期,植株叶片开始衰老,棉铃基本长成,气温降低,需水量较小,可不进行灌溉。

表 6-13 西瓜/棉花间作高效灌溉模式(错位混种模式)

生育期		共生期				非共生期	
	西瓜	苗期 34 d	开花结果期 18 d	果实膨大期 13 d	成熟期 18 d	—	—
	棉花	苗期 66 d			蕾期 18 d	花铃期 59 d	吐絮期 42 d
灌水指标	灌水定额(mm)	30	22.5	22.5	22.5	22.5	22.5	0
	灌水时间	播种后	4 月中旬 5 月上旬	5 月中旬	6 月上旬	6 月下旬	8 月下旬	0
	灌水次数	1	2	1	1	1	1	0

二、西瓜/棉花 1:2 种植结构下的高效用水模式

西瓜与棉花种植结构为 1:2 种植,即 1 行西瓜、2 行棉花,棉花宽窄行种植,宽行行距 110 cm,窄行行距 40 cm,西瓜种于棉花窄行内,棉花株距均为 30 cm,西瓜株距为 60 cm,灌水方式采用滴灌灌水方式,滴灌带铺设在每垄西瓜行上,滴头流量为 2.0 L/h。

对比分析各处理下耗水量、产量、水分利用效率等(见第六章)指标发现,PD70 处理总产出值和水分生产率均表现最高,2014 年 PD70 处理总产出值较 JC 处理提高 8.86%,水分生产率较

JC 处理提高 11.15%,2015 年总产出值较 JC 处理提高 11.03%,水分生产率提高 18.12%。准确控制滴灌灌水时间及灌水量在棉瓜间作生产中起到极其重要的作用,结合节水高产高效的宗旨,在平水年,该地区西瓜/棉花间作适宜的灌水指标为,西瓜果实膨大期土壤含水量下限为田间持水量的 70%时进行灌溉,共生期其他生育阶段充分供水,灌水定额为 30 mm,全生育期共灌水 7 次,灌溉定额 210 mm。以此灌溉模式来进行科学的水分管理,可以实现西瓜/棉花间作高产和水分高效利用的统一(见表 6-14)。表明,该地区气候条件下,灌水定额为 30 mm,全生育期灌水次数为 7 次,共灌水 210 mm。灌水时间分别为,播种后及时灌水,以保障西瓜和棉花能够正常出苗,苗期共灌水 2 次,开花期 5 月中旬灌水 1 次,果实膨大期 6 月上旬灌水 2 次,当西瓜逐渐进入成熟期,棉花处于蕾期,同时考虑西瓜和棉花两种作物对水分的需求,根据土壤含水量监测,于 6 月下旬进行 1 次灌溉,随着共生期结束棉花进入花铃期,7 月下旬灌水 1 次,当棉花进入吐絮期,植株叶片开始衰老,棉铃基本长成,气温降低,需水量较小,可不进行灌溉。

表 6-14　西瓜/棉花间作高效灌溉模式(1∶2种植模式)

生育期	时期	共生期				非共生期	
	西瓜	苗期 34 d	开花结果期 18 d	果实膨大期 13 d	成熟期 18 d	—	—
	棉花	苗期 66 d			蕾期 18 d	花铃期 59 d	吐絮期 42 d
灌水指标	灌水定额(mm)	30	30	30	30	30	30	0
	灌水时间	播种后	4 月中旬	5 月中旬	6 月上旬	6 月下旬	7 月下旬	0
	灌水次数	1	1	1	2	1	1	0

三、甜瓜/棉花间作高效用水模式

甜瓜/棉花采用等行距种植模式,棉花和甜瓜分别种在垄两侧的半腰部位,棉花株距为 35 cm,种植密度为 22 500 株/hm²;甜瓜株距为 70 cm,种植密度为 31 500 株/hm²。灌水方式采用沟灌灌水,灌水量用水表计量。

甜瓜/棉花间作优质高效的灌溉模式:为确保同时满足棉花和甜瓜对水分的需求,棉花苗期土壤水分下限控制在田间持水量的60%,蕾期为田间持水量的 60%,花铃期为田间持水量的 70%,吐絮期为田间持水量的 55%左右为宜。

参 考 文 献

[1] 康绍忠. 农业水土工程概论[M]. 北京:中国农业出版社,2007.

[2] Ahmet, Kang S, Zhang J, et al. Yield and physiological responses of cotton to partial root-zone irrigation inthe oasisfield of northwest China[J]. Agricultural Water Management, 2006, 84(12):41-52.

[3] 朱建强, 欧光华, 张文英. 涝渍相随对棉花产量与品质的影响[J]. 中国农业科学, 2003,36(9):1050-1056.

[4] 周新国, 陈金平, 刘安能, 等. 麦棉套种共生期不同土壤水分对冬小麦生理特性及产量与品质的影响[J]. 农业工程学报, 2006,22(11):22-26.

[5] 周绍松, 李永梅, 周敏, 等. 小麦、大麦与蚕豆间作对耗水量和水分利用率的影响[J]. 西南农业学报, 2008, 21(3):602-607.

[6] 郑立龙, 柴强. 间作小麦、蚕豆的产量和竞争力对供水量和化感物质的响应[J]. 中国生态农业学报, 2011, 19(4):745-749.

[7] 张放民, 常继农, 张涛. 拱棚甜瓜套棉花栽培模式及管理技术[J]. 现代农业科技, 2006, 10(2):33-34.

[8] 孙景生, 康绍忠. 我国水资源利用现状与节水灌溉发展对策[J]. 农业

工程学报,2000,16(2):1-5.

[9] 强小嫚,孙景生,宁慧峰.水分下限对西瓜/棉花间作水分生产效率及土地利用率的影响[J].灌溉排水学报,2016,35(12):39-44.

[10] 罗照霞,柴强.不同供水水平下间甲酚和间作对小麦、蚕豆耗水特性及产量的影响[J].中国生态农业学报,2008,16(6):1478-1482.

[11] 罗宏海,李俊华,勾玲,等.膜下滴灌对不同土壤水分棉花花铃期光合生产、分配及籽棉产量的调节[J].中国农业科学,2008,41(7):1955-1962.

[12] 刘巽浩,韩湘玲,孔扬庄.华北平原地区麦田两熟的光能利用作物竞争与产量分析[J].作物学报,1981(1):63-71.

[13] 刘天学,李潮海,马新明,等.不同基因型玉米间作对叶片衰老、籽粒产量和品质的影响[J].植物生态学报,2008,32(4):914-921.

[14] 强小嫚,孙景生,刘浩,等.滴灌定额对西瓜/棉花间作产量及水分生产效率的影响[J].农业工程学报,2016,32(19):113-119.

[15] 刘浩,孙景生,张寄阳.耕作方式和水分处理对棉花生产及水分利用的影响[J].农业工程学报,2011,27(10):164-168.

[16] 刘昌明,陈志恺.中国水资源现状评价和供需发展趋势分析[M].北京:中国水利水电出版社,2001.

[17] 兰玉峰,夏海勇,刘红亮,等.施磷对西北沿黄灌耕灰钙土玉米/鹰嘴豆间作产量及种间相互作用的影响[J].中国生态农业学报,2010,18(5):917-922.

[18] 黄高宝,柴强.多熟种植应用现状及研究进展[M].南昌:江西科学出版社,2000:170-175.

第七章　主要结论与展望

第一节　主要研究结果与讨论

间作套种是我国农业生产中传统、高产的种植方式,是通过不同作物的组合、搭配,构成多作物、多层次、多功能的复合群体。合理的间套作可以改善农田生态系统生产力,提高作物对光能的截获,与传统的单作相比,间作在没有扩大土地面积的前提下显著提高了粮食产量及农田水分利用效率。在水资源供需矛盾日益尖锐的情况下,如何进一步发挥间作提高资源利用效率、研发限量供水条件下的高效节水间套作技术,是多熟种植地区亟待解决的难题。近年来,两熟种植在黄淮海地区迅速发展起来,其中,经济作物西瓜或甜瓜间作棉花复合种植是该地区逐渐发展起来的一种高产高效种植模式,研究瓜棉间作模式下水分高效利用及研发间作相匹配的节水灌溉制度,能有效促进间作模式的快速发展,并对指导节水型集约持续农业具有积极的意义。

一、瓜棉间作作物生长发育特征

作物的生长发育指标在很大程度上决定着作物对光能的利用率,并且对作物的产量起了一定的贡献。科学合理的间作搭配结构配备相对应的水分管理能够使得间作作物在同一土地上相互促进、协调发展,使得作物生长发育旺盛,能够获得最大的经济效益。

西瓜/棉花错位混种模式,全生育期不同灌水定额处理下,西瓜生育前期对水分的需求较大,灌水量以 37.5 mm 为宜,生育后期灌水量以 22.5 mm 为宜。西瓜苗期至果实膨大期高水分 T3 处理主蔓长值最大，果实膨大期至成熟期中水分 T2 处理主蔓长值最大，整个生育期低水分 T1 处理下主蔓长值最小；对间作棉花株高而言，高水分 T3 处理下株高值最大，低水分 T1 处理下株高值最小。群体叶面积指数在瓜棉间作整个生育期表现为双峰趋势，其中第一个峰值出现时，T3 处理大于其他处理，说明瓜棉间作共生期叶面积指数以西瓜为主，水分越高，营养生长越旺盛，各处理在第二个峰值差异不显著。水分对棉花蕾铃数的影响较大，高水分处理蕾铃数较多，但棉株过早封行，田间透光透气性变差，落铃现象比较严重，而长期的水分胁迫导致蕾铃数偏少，并且花铃后期蕾铃脱落现象严重。

甜瓜/棉花间作群体中，高水分处理下甜瓜生长较快，对棉花产生了水分和养分的竞争，因此高水分处理的棉株并没有因为水分较高而比其他处理棉株有明显的优势。群体叶面积指数在瓜棉间作整个生育期表现为双峰趋势，叶面积指数随水分亏缺程度的增加而减小。蕾期中度水分亏缺最终成铃率最高。

二、甜瓜/棉花间作作物生理指标

间作甜瓜叶水势逐日变化过程表现为，甜瓜叶水势在一个灌水周期内总体呈下降趋势，土壤含水率与叶水势呈正相关关系，与当日的气温呈负相关关系；在甜瓜需水关键期（伸蔓期），土壤叶水势低于 -25 MPa（田间持水量的 50%）时，会引起部分瓜苗枯竭死亡。间作棉花叶水势的日变化过程表现为 08:00 最高，下午 14:00~16:00 降到最低，持续一段低谷后逐渐回升，但均未恢复到早上水平，且随着生育进程的推进，棉花叶水势的日变化幅度均有所增大。种植模式对间作甜瓜光合特性存在一定的影响，单作甜瓜的光合速率、气孔导度和胞间 CO_2 浓度高于间作甜瓜。单作模式下，土壤水分含量越高，甜瓜光合速率也越高，间作模式正好相反,土壤水分含量越高,甜瓜光合速率和气孔导度越低。间作棉花净光合速率略小于单作棉花,并且间作低水分处理显著降低了净光合速率。间作中水分处理蒸腾速率整个日变化过程中均大于间作其他两个处理。间作棉花气孔导度小于单作处理,间作棉花胞间 CO_2 浓度日变化在各时间段小于单作处理。

三、西瓜/棉花间作作物需水量模型

西瓜/棉花间作作物系数修正模型为 $K_{c间} = 0.810\ 6$ $\dfrac{f_1 h_1 K_{c1} + f_2 h_2 K_{c2}}{f_1 h_1 + f_2 h_2} + 0.113\ 3$,西瓜/棉花间作作物需水量计算模型为

$$ET_c = (0.810\ 6\ \frac{f_1 h_1 K_{c1} + f_2 h_2 K_{c2}}{f_1 h_1 + f_2 h_2} + 0.113\ 3)ET_0。$$

西瓜/棉花间作土壤蒸发模型为 $E_{间作} = ET_0 e^{-0.085LAI}(0.982\theta + 0.022)$,间作模拟值与实测值相对误差为 0.19。蒸发量在间作共生前期占蒸发蒸腾比重最大,为 72.27%,在间作共生中期所占比重最小。蒸腾量在间作共生中期所占比重最大,间作共生前期所占比重最小。全生育期蒸发占 31.41%,蒸腾占 68.59%,其中西瓜蒸腾占间作群体蒸腾的 60.61%,西瓜蒸腾分摊系数 $a = \dfrac{0.939\ 9f_1 h_1}{f_1 h_1 + f_2 h_2}$,棉花蒸腾占间作群体蒸腾的 39.39%,棉花蒸腾分摊系数 $b = \dfrac{0.939\ 9f_2 h_2}{f_1 h_1 + f_2 h_2}$。

四、瓜棉间作水分竞争机制

水分亏缺处理(西瓜膨大期 70% 田持)在共生期结束时垂直方向上间作棉花和西瓜的根长密度分布总体一致,即随土层深度增加,根长密度逐渐减小。其中,0~40 cm 土层中间作西瓜根系较间作棉花生长旺盛,处于竞争有利地位,40~60 cm 土层中间作棉

花根系下扎量较大,根系处于竞争优势地位。水平方向上,西瓜/棉花间作在距西瓜主根区 10 cm 处存在明显的根系竞争关系,该处间作棉花根系密度明显大于西瓜主根处和距西瓜主根区 30 cm 处的棉花根系密度,表明,该处棉花表现出明显的竞争趋势,但竞争优势仍小于该处间作西瓜的优势。瓜棉间作处理对水分的竞争与利用使养分在土壤中的运移转化发生了变化,0~60 cm 土层单作西瓜、单作棉花及瓜棉间作垄土壤碱解氮含量随土层深度的增加呈递减的趋势,其中,瓜棉间作土壤碱解氮平均含量最低,其次为单作西瓜,单作棉花碱解氮含量最高。瓜棉间作处理较单作相比土壤碱解氮含量最低,速效磷含量最高,速效钾含量介于单作西瓜和单作棉花中间。

五、瓜棉间作水分高效利用

西瓜/棉花全生育期各水分处理的耗水规律基本一致,共生期日耗水强度均表现为前期小、中期大、后期小的规律。全生育期西瓜/棉花植株耗水量为 520~690 mm,共生期耗水量为 230~320 mm。西瓜/棉花间作整个生育期按中水分(灌水定额为 22.5 mm)处理来进行科学的田间水分管理,有利于提高间作模式下西瓜和棉花的产量,同时能显著提高水分生产效率及总体经济效益,或在共生期西瓜膨大期进行适当水分亏缺,当土壤含水量下限到田间持水量的 70%时进行灌水,能显著提高瓜棉间作产量及水分生产效率,实现高产与节水的有效统一。

甜瓜/棉花全生育期植株耗水量为 510~620 mm,共生期耗水量为 318~388 mm,日耗水强度变化特点表现为前期小、中期大、后期减小的变化规律。甜瓜/棉花间作在棉花苗期土壤水分下限控制在田间持水量的 60%,蕾期为田间持水量的 60%,花铃期为田间持水量的 70%,吐絮期为田间持水量的 55%左右,能有效提高间作产量及水分利用效率。

第二节　研究展望

棉田多熟立体间套复种能充分利用温光、土地与劳力资源,提高复种指数,一地多用,投资少、见效快,棉田整体效益高,农民的科技素质和市场意识增强,是减低单一种植棉花造成的生产风险、迎接土地等资源短缺挑战的最有效途径,具有广阔的发展前景。

本书在前期研究的基础上,总结了黄河流域新乡地区瓜棉间作不同水分处理下植株生长发育指标、生理指标、耗水过程、产量及水分高效利用、间作水分竞争机制等研究成果,最终提出该地区瓜棉间作下适宜的灌溉制度。

借鉴 FAO 推荐间作作物系数模型的思路与方法,假定间作群体蒸腾也是按照每种作物覆盖地表表面积比乘以每种作物的高度作为权重进行加权平均而得,来构建关于单作西瓜和单作棉花蒸腾、间作群体内西瓜和棉花覆盖度、2 种作物的高度等因素有关的间作群体蒸腾模型,该模型计算间作群体蒸腾量与实际所测间作群体蒸腾量拟合结果较好。间作群体蒸腾模型可表示为由单作西瓜蒸腾与其分摊系数及单作棉花蒸腾与其分摊系数组成,因此可以确定间作群体中西瓜和棉花的蒸腾分配比例。构建间作作物需水模型及间作配对作物的蒸腾分摊模型,为明确间作群体的需水界限,将有限的灌溉水资源在数量上精确,在时间上准时地供给作物,使作物最终获得最大的经济效益,需水界限的确定也是深入研究间作节水增产理论的重要方向。今后对于间作作物对水分的竞争与利用方面的研究,建议在试验的基础上加强数值模拟方面的研究工作,构建间作作物对水分的竞争模型,模拟分析水分管理对间作群体产量和资源利用效率的影响,为间作西瓜/棉花高产优质的高水肥管理模式提供理论依据,实现间作种植农业的可持续发展。